安心できる安全のための本

安心を得るには、
今ある安全を理解することから始まる。

株式会社イーエス技研 共著

古谷隆志
Furuya Takashi

中西　淳
Nakanishi Jun

山本理央
Yamamoto Rio

日本工業出版

はじめに

最近は、新聞やテレビ・ラジオでも安全と安心に関する記事、社説が記載されないことはありません。交通事故や暴力事件、医療や老後の問題、企業動向に関わる経済情勢、更には近隣国との領土問題など、安全と安心に関わる出来事は頻繁に起きています。会社の経営者や国の指導者、また宗教団体をはじめとする各種団体の指導者の目的は、人々が安心できる生活を確保することであるといっても過言ではないかもしれません

「日本人は安全と水はただだと思っている」(1)

この表記は、日本が高度成長期に入りつつあるときにベストセラーになった本の一文です。ここでは、日本人は安全を確保するための努力、関心の低さを驚きの表現で指摘しています。

日本は地理的な環境から、侵略や戦争が他国と比べると少なかったことで安全に対する関心は総じて低かったのかもしれません。現在では、世界各国との人の行き来も活発化しており、人の交流や情報の出入りが増えています。この本で指摘されるまでもなく、私たちは、〝安全〟はコストをかけて手に入れるものであることをもっと認識することが必要かもしれません。

安全を売り物にした製品もたくさん市販されています。身近なところでは、健康食品をはじめとする食品の

安全性や、耐震強度などを確保した住宅など、各種安全対策が施された製品が、〝安心を提供します〟のキャッチフレーズの下、数多く販売されています。

このような安心ビジネスが生まれてきているのは、私たちが安心できる生活を望んでいることによります。その意味では、日本人も安全はコストをかけて手に入れるものであることを再認識し始めたのかもしれません。

今のところ日本では、幸い、社会事情が原因で不安となることは少ないようですが、地理的事情から地震や火山の噴火などに頭を悩ませることは多くあります。それでも、対策を自主的に行っている人はどれくらいいるでしょうか。おそらくは、第三者から言われたから行った、もしくは先の東日本大震災が起こって初めて考えるようになったという人が多いでしょう。自然が相手だからしょうがない、と腹を括っている人もいると思います。

自然災害に限らず、私たちの周りには沢山の危険なものがあります。これら危険なものに対しては専門家が危険なものを管理してくれることで、安心を得たいという思いもあるかもしれません。

しかしながら、専門家に安全対策を任せることで安心できるのでしょうか。

事故が生じたときに、安全対策の専門家から、このような事故は想定外であったなどと説明されると、安心できるどころか、安全対策自体に不信感が出てしまうこともあります。

最近、鉄鋼業や化学業などの素材産業で事故のニュースがよく見られるようになってきました。我が国において、これら鉄鋼業、化学業、石油業などが発展し、技術力を高めることができたのは、日本人の性格、またこの国の文化が、この種の産業に向いていたためと思われますが、結果、死亡事故などの大きな事故は減少してきました。しかしながら、高度な技術力が求められるほど、その管理も難しくなるため、現在でも、機械工場や化学工場などの生産現場で働く人々への危害、また装置類の損傷を防ぐべく、日々、各種安全技術が研究、開発されてきています。このような安全への取り組みや、考え方は機械や工場などの工業分野に限らず広く一般の人たちにも理解してもらうことが必要なのではないでしょうか。

本書は、工業分野での安全に関するコンサルティングをしている技術者が、研究、開発されている安全技術をもとに、〝安心できる安全〟とは如何にあるべきか、どのようにすれば専門的な安全技術と安心をつなげられるのかについて執筆したものです。安全コンサルティングは安全技術をベースにして安心を提供することであるとの観点から、日頃から安心できる安全とはどのようなものかについて考えています。

対象範囲を工業分野に限定せず、身近な交通安全から食や医療の安全、ひいては、社会や環境問題にまで、広く取り上げました。対象範囲を広く取り上げているとはいえ、本書の内容は工業分野での安全に関する規格や技術指針を考え方の基本としています。これらの中でも特に基本的な考え方を表している箇所を本文中で、平易な表現で解説しています。平易に表すことを主眼としたため、規格特有の厳密さを欠いているところも多々あるかと思いますが、合わせて読んでいただくことで、安全に関する規格や技術指針の主旨を掴んでいただけるのではないかと考えております。

第一章では、安全と安心を損なう危険要因について説明します。危険要因の範囲を、機械や工場などの工業分野から、食や医療、自然災害から社会問題まで広く取り上げることで、分野に囚われない危険要因の共通点を示します。第二章では、主に産業分野での危険要因と、危険状態に対する安全対策、そのための手法としてのリスクアセスメント（危険の程度を評価すること）などについて紹介します。安全対策の第三者検証の必要性と難しさについても取り上げます。第三章では、危険要因と危険状態の検知方法、および診断と予知について、最近のセンサ技術と合わせて紹介します。第四章では、安全対策を設定する上での前提条件の重要性と、安全対策の一つとしての危険要因との共存について取り上げます。最終章の第五章では、絶対安全や、許容リスクと想定外リスクに対する考え方を紹介する中で、安心できる安全対策は如何にあるべきかを提唱します。

本書は、安全に関わる技術者が、安心できる安全について正面から捉えた本です。安全性向上に関わる技術者はもちろん、広く、安全と安心を願っている人達にも、読んでいただきたいと考えております。

目次

第1章

安全と安心

第１章　安全と安心

１・１　日本は本当に安全な国か？

日本は安全な国と言われています。「世界の安全な国」でアンケートをとると、日本は常に上位、時としてトップにランクインされます。安全だと思われる理由としては、犯罪率が低い、特に重大犯罪が少ないということが多いようです。少し古い統計ではありますが、２００９年時点での各国の犯罪の被害状況を国連が比較した「国際犯罪被害者調査」によれば、日本の強盗や恐喝、窃盗などの在来型犯罪の被害者率は、調査対象となった国々の中で最も低い部類に入ります。また日本が「安全な国」との評価は、訪日外国人らがネット上に書き込んだ体験談などにも表れています。例えば、「カメラや携帯電話をレストランやカフェに置き忘れても盗まれずに保管されている」「夜道を若い女性が一人でも安心して歩ける」ことなどに驚き、他国と比較しながら〝日本は世界一安全な国〟と絶賛する声も少なくありません。

また、日本は島国、すなわち海に囲まれているという地理的な要因もあり、昔から侵略や戦争が他国と比べると少なかったといえます。それらを総合的に見て、日本は安全な国と思われているのかもしれません。

しかし、私たち自身は、自分たちの国をどう見ているのでしょう。たしかに、法務省の２０１６年「犯罪白書」によると、国内での刑法犯の認知件数（警察が把握した犯罪の発生数）は２００３年以降、減少に転じています。ただ、ストーカー殺人や女児監禁事件など、世間を騒がせた犯罪は大きく報道されますが、身近で起きた犯罪はあまり認識されず、未解決なものが多いのも事実です。

さらに、近年では、コンピュータネットワークを利用したサイバー犯罪（ネット犯罪）なども件数や規模が増大し、市民生活を脅かしています。加えて、高齢化社会を迎えている日本では、核家族化などの生活環境の変化を悪用した各種詐欺も、私たちの生活を脅かします。

また、安全とは、犯罪の有無だけではありません。自然災害や他国からの侵略に対して、どこまで対応できているか、働く人々の安全性がどれだけ確保されているか、経済的安定性はどうか、なども安全に関する重要な指標となります。

まず、自然災害についてですが、日本は、地震や火山の噴火など、この種の災害が多く発生する国です。ちなみに、「自然災害」とは、日本の法令（被災者債権生活支援法2条1号）で、「暴風、豪雨、豪雪、洪水、高潮、地震、津波、噴火、その他の異常な自然現象により生ずる被害」と定義されています。日本の国土の面積は、全世界のたった0・28％しかありませんが、全世界で起こったマグニチュード6以上の地震の20・5％が日本で起こり、全世界の活火山の7・0％が日本にあるのです。また、全世界の災害で受けた被害金額の11・9％が日本の被害金額になっています。このように、日本は世界でも極めて自然災害の割合が高い国なのです[(1)]。

また、エネルギー自給の観点でも、我が国は決して安泰ではありません。日本は、エネルギー消費大国ですが、そのエネルギー自給率は、数パーセント程度と少なく、国民一人あたりが保有するエネルギー資源量はワーストクラスに分類されます。日本の政策上、主要なエネルギー源である石油は、99％以上を輸入に依存しているのです。そこで、エネルギー自給率の向上に寄与する原子力発電の有用性が強調されていますが、原子力発電

に必要なウランも、ほぼ全量を輸入しているのです[2]。

過去に、外国から石油の供給を止められたことが、日本が大きな戦争に突入した要因の一つであるとも言われています。また、エネルギー問題は、安全保障に関わるだけでなく、エネルギー不足に伴う経済の停滞と、それによる私たちの生活レベルの低下にもつながります。

もちろん、原子力発電などによる放射性廃棄物や各種産業廃棄物も、将来、私たちの環境を悪化させることで生活を脅かす物になる可能性もあります。日本の近海でメタンハイドレートが採掘されたことにより、石油や原子力発電などの輸入に頼ることなくエネルギーの自給率を高めていくことが、今後の検討課題であるにしても、当面はエネルギー自給率が低い状態が続くと考えられます。

エネルギーをはじめ、資源の少ない日本では、外貨を稼げるものを生産していかなくてはなりません。生産現場では、大きなエネルギーを使う工作機械のそばで人が働いています。それら機械が暴走した際は危険状態になり、ときには痛ましい事故がおこることもあります。化学工場でひとたび爆発などの事故があると、工場で

働いている多数の人々が被害を受けます。それだけでなく、工場の近隣にも被害が生じることもあります。

また、安全な国、安全な社会を構築するには、現在のことだけでなく、将来のことも考えなくてはなりません。地球規模での人口増・温暖化や、気候変動に伴う大型台風、大地震などの自然災害は、これからより深刻化することが予想されます。世界各国との人の行き来も活発化しており、また通信技術の発達で、人の交流や情報の出入りもふえていくことでしょう。そうしたコミュニケーションの複雑化から発生する人的災害も、今後増加することが予想されるわけです。

こういった問題を抱える日本は、そこに住む私たちにとって、安全な国なのか、若い人から年取った人まで安心して暮らせる社会なのかと考えると、必ずしもそうとばかりは言えないようです。

１・２　そもそも「安心している状態」とは？

私たちは泥棒という危険なものがあることは知っています。そのため、玄関や窓に鍵をかけるでしょう。ガスコンロからガスが漏れる危険も知っています。寝る前には元栓を締める、火を使うときには燃え移らないように火の周りには燃えやすいものを置かないなどの安全対策をしています。しかしながら、家電製品を使うためプラグをコンセントに入れるときは感電を防ぐために濡れた手で行わないなどの注意を払っている人がどの程度いるでしょう。家電製品、特に電源を入れるコンセントには危険な電圧があることを知らずに安心して使っている人も多いのではないでしょうか。

次の二つの状況に自分がおかれているところを、それぞれ想像してみましょう。

・危険なものが身近にあることを知っていて、そのための安全対策を用意することで安心しようとする状態
・特に危険なものを感じることなく、安心している状態

前述の電源プラグを入れるコンセントの例では安全対策が施されていますので、通常の使い方を守っている限り感電や火災の事故は殆ど生じないと考えられます。それでも、そこに危険な電圧があるかについて知っている人はプラグをコンセントにいれる際は注意して行うでしょう。一方で、危険な電圧があることを知らないでいる人も、プラグやコンセントを心配もせず「安心して」扱っているかもしれないのです。

実際には危険があることを知ってはいるが、その被害の大きさについて分かっていないために注意していないなど、この二つの中間的な状態が多いかもしれません。たとえば街中でもスピードを上げて運転する人は、事故が起きたときの被害の大きさについて分かっていないのかもしれません。それは、歩行者や自転車が道路に飛び出してもブレーキをかければ事故は起きないだろうと危険なものを感じることなく安心している状態かもしれませんし、単に「自分にかぎってはそんな事故はおこさないだろう」と高をくくっているだけなのかもしれません。事故の悲惨さ、重大さを知って、また「そういった事故を、自分が起こさないなどとは言い切れない」ことを知っていれば、たとえ性能のよいブレーキがあっても、それだけでは安心できず、安全のための適切な速度での運転が必要だということが分かるのではないでしょうか。

このように、安全対策がある状態と安心する状態とは必ずしも同じではないのです。安心を感じるのは、人

によっても、またその人が直面する環境でも異なります。仮に私たちが人も羨むような資産家で、経済的には何の心配もなかったとしても、経済変動などで大きな損失を生じ、ときには資産を失うようなことに直面すると、もともと資産をもっていなかった人に比べて、気持ちの上では遥かに大きな、生活に対する安心感の喪失があろうことは、想像にかたくないのではないでしょうか。

一方で、安心するために、不安なことは考えたくないとする人たちもいます。また、安全については自分では分からないので、国などの当局や専門家が用意してくれる安全を信頼するといった、誰かが危険なものを管理してくれていることで、自分たちは安心が得られるという考え方もあります。この二者は、安全について「人任せ」にしているというところで共通しています。

このように、人は様々な手段で安心を得ようとします。しかしながら、危険なものを知らずに安心していたり、知っていてもそれが自分にふりかかる可能性に目をそらしたり、考えることを人任せにしている状態は、本当に安心できる状態なのでしょうか。そもそも安心は、どのような状態のことを指すのでしょうか。

ここで、どのような状態が、安心できる状態なのかなどについて、戦後まもなくはやった、有名な怪獣映画を例にとって、考えてみましょう。

この映画は、平穏な暮らしのある海から始まります。（場面　一）

やがて、何隻かの船の遭難が相次ぎます。遭難の原因がよくわからないこともあり、人々は、不安におびえます。（場面　二）

危険なものの正体が怪獣であることが分かります。怪獣を倒すために、最新の兵器を有した部隊が招集されます。この段階では、危険なものが認識できていて、かつそれに対する安全対策があるということで、人々が不安から脱却する状態です。（場面　三）

しかしながら安全対策になるべき兵器が、怪獣に対して全く効果がないことが分かります。信頼していた安全対策が役に立たないことが分かると、人々は失望し、あきらめの境地に入ります。（場面　四）

密かに一人の科学者が、水の中の生物を溶かしてしまう装置を発明していました。これを使うことで、怪獣は海の中で消滅します。人々はよろこび、平穏な暮らしにもどります。（場面　五）

この装置を発明した科学者は、それが将来兵器に転用されることを心配して、怪獣を消滅させる際、設計図と共に、自分自身も怪獣と一緒に水の中で消滅させてしまいます。そしてこの映画の最後の場面では、今回消滅させた怪獣以外にも、まだ怪獣は存在するであろうことを示唆して終わります。（場面六）

この映画は、当時としては空前の大ヒットで、純粋な娯楽作品としてもすぐれた作品でしたが、同時に、安全と安心を考える上で、いくつか大事な点を提示している映画でもあると思えます。

まず、この映画の場面一は、危険なものが身近にあっても、そのことを知らずに安心している状態です。場面二は、危険なものを認識し、それにより不安を感じる段階です。場面三は、認識した危険に対する安全対策があることで、少し安心した状況です。この場面は、安全対策は人々の安心のためにあるのだということを示します。場面四は、その安全対策の効果がないことが分かり、また不安に陥る状況です。場面二と場面四を比較すると、人々の不安の状況は、場面四の方が遥かに大きく、安全対策の効果がないことがわかったとき、人々は強い不安に陥るものであることが感じ取れます。場面五は、新たな安全対策により、危険なものを除去できたことで、人々は危険状態から安心できる状態に戻れたことを喜びあいます。そして、最後の場面六では、怪獣を消滅させた装置は、安全対策であると同時に、危険要因にもなることを示唆し、ここで得られた安心状態は、場面一から二に遷るように、また危険な状態になることも示唆しているのです。

ここでは最初、人々は危険要因を知らないか、または危険状態を想定していないことで安心していますが、ひとたび危険状態や事故に遭遇すると安心する状態は失われてしまうことを示しています。この映画は、安全と安心について説明することを狙いとはしていなかったでしょうが、私たちが安全と安心を考える上で、安心できる状態は続くものではないこと、安心できる状態は、どのようなものかなど、様々な点を示唆していると見ることもできるのではないでしょうか。

1･3　危険要因 ～私たちの心をおびやかすもの～

安心できる状況を脅かす危険なものとしての危険要因には、どのようなものがあるのか整理してみましょう。昔の人は、地震、雷、火事、親父を怖い物として挙げました。地震は、地殻変動など、地盤の歪みや火山活動など、地球の活動そのもの、いわゆる複数の自然現象が危険要因になります。雷も、大気の流れとそれによる熱エネルギーが電気エネルギーに変換されて生じるもので、やはり複数の自然現象が危険要因になります。火事も、大気が乾燥し、そこへ樹木の摩擦などから発生したり、また雷から生じるものもありますが、大きな被害が出る街中での火事は、その原因となる火元があり、それが危険要因になります。火は一般に、発火源が可燃性のものに作用し生じます。親父の場合は、親父そのものが危険要因ですが、その前に、親父が火を噴く原因ともなる要因があり、これも危険要因と考えるべきかもしれません。

一般的に、危険要因としては、エネルギーの大きいものが挙げられます。「エネルギー」という言葉の語源はギリシャ語ですが、アリストテレスの時代には、エネルギーの概念はまだ「仕事ができる力」というあいまいな定義でした。後に、英国の医師で物理学者のヤングが仕事をする能力の概念としてエネルギーという言葉

を使いました[3]。

エネルギーは、現代の物理学では「物質にたくわえられた仕事をする能力」と定義され、「力の大きさ」と「力の向きに動いた距離」の積（「仕事量」）として表されます。私たちの身の回りには、様々なエネルギーが満ちています。エネルギーには、たくさんの形態があります。私たちの便利な生活に欠かせない電気や光やガスは、エネルギーを私たちが使いやすい形態に変換したものです。たとえば力学エネルギー（位置エネルギーと運動エネルギー）、電気エネルギー（磁気エネルギーを含む）、光エネルギー、熱エネルギー、化学エネルギー（生体エネルギーを含む）、核エネルギーなどがあります。これらのエネルギーは相互に変換が可能です[4]。

物を生産する場所では、大きなエネルギーを使う工作機械をはじめ、各種の自動機械が動いています。大きなエネルギーとしては、温度が高いもの、重量の大きいもの、速度が速いものなどが該当します。これらの大きなエネルギーを使う機械のそばで人が働いているため、その機械が暴走した際は危険状態になり、時には痛ましい事故がおこることもあります。このように大きなエネルギー、または大きなエネルギーを使っている機械類は危険要因と考えられます。

核エネルギーを利用した原子力発電所は、安定した大きな電気エネルギーを私たちに供給してくれますが、ひとたび事故があると、大きな被害をもたらすことは、周知のとおりです。どのような形態のエネルギーでも、大きなエネルギーは危険要因なのです。

大きなエネルギーの代表的なものとして自然エネルギーがあります。地殻変動など、地盤の歪みや火山活動などによって生じる地震災害は、事前に防ぐことができず、また被害も広い範囲にわたるので私たちの不安要因の一つになっています。一方、雷も落雷という危険な状態が生じないようにすることは難しいのですが、避雷針などの安全対策で、雷の被害はかなり防げるようになりました。

大きなエネルギーを有するものは危険要因になりますが、必ずしも大きなエネルギーでなくても、危険要因になるものは数多くあります。危険要因である大きなエネルギーを制御するものは、例え、それ自身のエネルギーは小さくても、大きなエネルギーを暴走させるという危険要因になり得ます。しかし、この大きなエネルギーを制御することは、安全対策のための手段でもあるのです。このため安全制御機器自体が危険要因になってしまうこともあるのです。安全対策が、時に危険要因となることがあるということは、同時に、安全対策の難しさも示しています。

侵入、攻撃してくるものも危険要因として扱われます。昔から、他国（敵国）は、侵略のために攻撃してくる大きな危険要因でした。最近はＩＴ機器の世界的な普及に伴いインターネットなどの情報ルートを通じて侵入してくるクラッカも大きな危険要因として扱われます。病原菌やウィルスも体へ侵入してくる危険要因として昔から扱われています。

ただ、危険要因は、なかなか私たちの前に姿を表わしません。近い将来、危険要因になる、またはかなり先には危険状態になる可能性が高いものも見えない危険要因に含めるならば、私たちが安心している状態とは、殆どの場合、危険なものがあるにもかかわらず、それを知らずに安心している状態なのかもしれません。

１・４　危険な状態になってからでは遅い？～「危険要因」と「危険状態」のちがい～

化学工場では、多量の可燃性物質を扱っていることが多く、化学工場でひとたび爆発などの事故があると、工場で働いている多数の人々が死傷するばかりか、工場の近隣にも被害が生じることもあります。このため可燃性物質は、危険要因として取扱うよう法律で規制されています。

私たちに馴染みの深い、ガソリンや、一般家庭で用いられる都市ガスやプロパンガスは可燃性物質として扱われています。新しい燃料として注目を浴びる水素ガスも、もちろん可燃性物質です。可燃性物質は、取扱によっては大きな爆発事故につながることや、いったん事故が起きると通常の火災と比べて特別な対応が必要であることなどから、その管理方法については消防法で厳しく規制されています。このような可燃性物質が含まれている、いわゆる爆発性雰囲気の環境下では、可燃性物質に点火エネルギーを与えないよう、法律で定められた機器（防爆構造電気機械器具、以下、防爆機器）以外の使用は禁止されています。

しかしながら可燃性物質は、それだけでは爆発しません。可燃性物資に一定割合以上の空気（酸素）が混在することで爆発の危険状態になります。可燃性物質を、換気の悪い室内や密閉された空間で使用すると、それが空気と混在することで、いわゆる爆発性雰囲気が生じ、この雰囲気中に電気機器の火花や高温部があると可燃性ガスが発火し、その周辺全体に火炎が伝搬する、いわゆる爆発という〝被害〟に至るのです。可燃性物質が、爆発という化学反応を引き起こすまでには、空気が混在すること、加えてその環境下で温度ないしは火花を生じさせる点火源が必要なのです[(5)]。

危険要因の存在自体が事故を生じさせるわけではありません。危険要因として認識しなくてはならないものは、近い将来、危険状態になる、または危険状態を生じさせる可能性があるものです。現在は危険要因ではないが、時間が経つうちに、また、使い方や環境によって危険状態になるものもあります。例えば、機械を操作する人が今日から別の人になったとか、前日の雨で地盤が緩んだなどの理由で、昨日までは危険状態にはなかったものが、今日は危険状態になることもあるのです。

通常、危険要因として認識されるのは、危険状態になってからです。また事故が起きてはじめて被害の大きさが分かります。実際に大きな事故などが発生した後で分析すると、そのときの危険要因が見つかる場合も多いのです。空気（酸素）も、点火源も危険要因として考えるべきですが、共に周囲にたくさんあるものなので、通常は危険要因とはみなされていません。しかし、可燃性物質が扱われている生産現場では、電気機器はもちろん、生産現場によっては、空気も危険要因と見なされ、管理対象とされているのです。

危険要因は、危険状態を生じさせますが、危険要因であるからといって、必ずしも危険な状況（危険状態）になるわけではありません。私たちが安心できる生活を得るためには、危険要因に対して気を付けるのではなく、危険状態に対して気を付けることが必要なのです。危険要因ではあるが現在または近い将来、危険状態にはならないと認識をすること、同時に、危険要因が危険状態にならないよう気を付けることが必要なのです。身の回りのもの、ほぼすべてが危険要因だとしても、大事なことはその危険要因がいつ、どこで、どのような状態であった時、事故につながるかということを把握しておけば、事故に巻き込まれる可能性は低くなるのではないでしょうか。

多くの人が電車を使い通勤しています。駅に入ってくる電車は危険要因です。それでも、電車がホームに入ってきたときには、自分が危険状態にあると感じている人は少ないでしょう。でも、強風で体が流されるかもしれないし、雨でホームが濡れているのであれば、足を滑らせ転落する可能性もあるのです。ホームに電車が入ってくる状況に、強風や雨という危険要因が重なると、ホームの上は危険状態なのです。このような事故が起きる前に、強風や雨という状況は、電車のホームの上では危険要因であるということを認識することが必要なのではないでしょうか。

このように、私たちの周囲には危険要因があふれていますが、ある程度危険要因と向き合わなければ生活することは難しく、ましてや安心を得ることはできません。大きなエネルギーは危険要因と考えられますが、エネルギーによって私たちの生活は多くのことが改善されたのも事実です。機械のエネルギーは都市の日常生活はもちろん、工業や農業でも力を発揮し、耕す機械、種を蒔く機械、収穫する機械などが、人や牛、馬に取って代わりました。洗濯機、食器洗浄機、乾燥機、掃除機などによって、私たちは煩わしい家事労働から解放され、オートメーションによって骨の折れる工場労働の多くが軽減されたのです。現在の私たちは、危険要因と一緒にいるにもかかわらず、そのことが認識されにくくなっています。私たちが安心するためには、事故や障害が生じる前に、危険な状態を察知し、その危険な状況に対しての安全対策を図ることが求められているのです。

ここで、本書で使用する安全に関わる用語を説明しておきます。工業分野で定義されている安全と危険に関する用語は厳密性を重視していることから、分かりづらいところがあります。本書では、安全について、平易に記述することを狙いにしていますので、厳密性には欠けるものの、工業分野というよりは、私たちの身の回りの安全性や、私たちが通常使用する安心や不安、危険などを表す言葉を使用するものとします。

工業分野の規格では、身体への傷害や健康逸失、所有物の毀損などに〝危害〟という用語を用いていますが、本書では、〝事故〟、ないしは〝被害〟を使用します。規格では、〝危険状態〟は、〝潜在危険、または危険源に曝されている状態〟と定義し、危害が生じることがある事象を〝危険事象〟、危険状態または危険事象の結果として危害に至る事態を〝危害事象〟という用語を使用しています。そして、前者が危害をもたらす可能性のある状態の開始、後者が危害の開始であるとしています[(6)]。

本書では、危険源、潜在危険をまとめて、〝危険要因〟と称します。また、危険要因が放置されることで、近い将来、事故や被害が生じる可能性が高い状態を、〝危険状態〟として扱います。事故や被害が生じる前の一歩手前である、〝故障〟や〝故障状態〟も、本書では〝危険状態〟として扱います。

規格では、安全方策（保護方策）という用語は、危害が生じやすい危険な状況を低減する手段として定義しています。これに対し安全方策の類義語である安全対策は、危険状態になった後の手段として用いられます。ただ本書では用語を簡素化するために、危険要因が危険状態にならないようにする手段、及び危険要因が危険状態になったさいの事故または被害が生じないようにする手段をまとめて、〝安全対策〟として扱います。

１・５　見えないものがいちばんこわい？

危険要因には、私たちには見えないものが沢山あります。細菌などのように小さいものは人の五感で直接認識することはできません。材料の劣化や取付けの不備なども外部から直接は見えないことが多いです。また、中毒性物質の放出による長期にわたる健康への影響もすぐには見えない危険要因です。危険要因自体は見ようとすれば見えますが、普段は危険要因とは認識されず、危険要因が危険状態になって障害が起きてから、はじめて危険要因を認識することも多々あります。例えば、ビルに取り付けられていた看板の取付金具が緩んでいて、そこに強い風が吹き、看板が外れて落下し、その下を通行していた人が怪我をした事件がありました。この事件以後、その街に５００箇

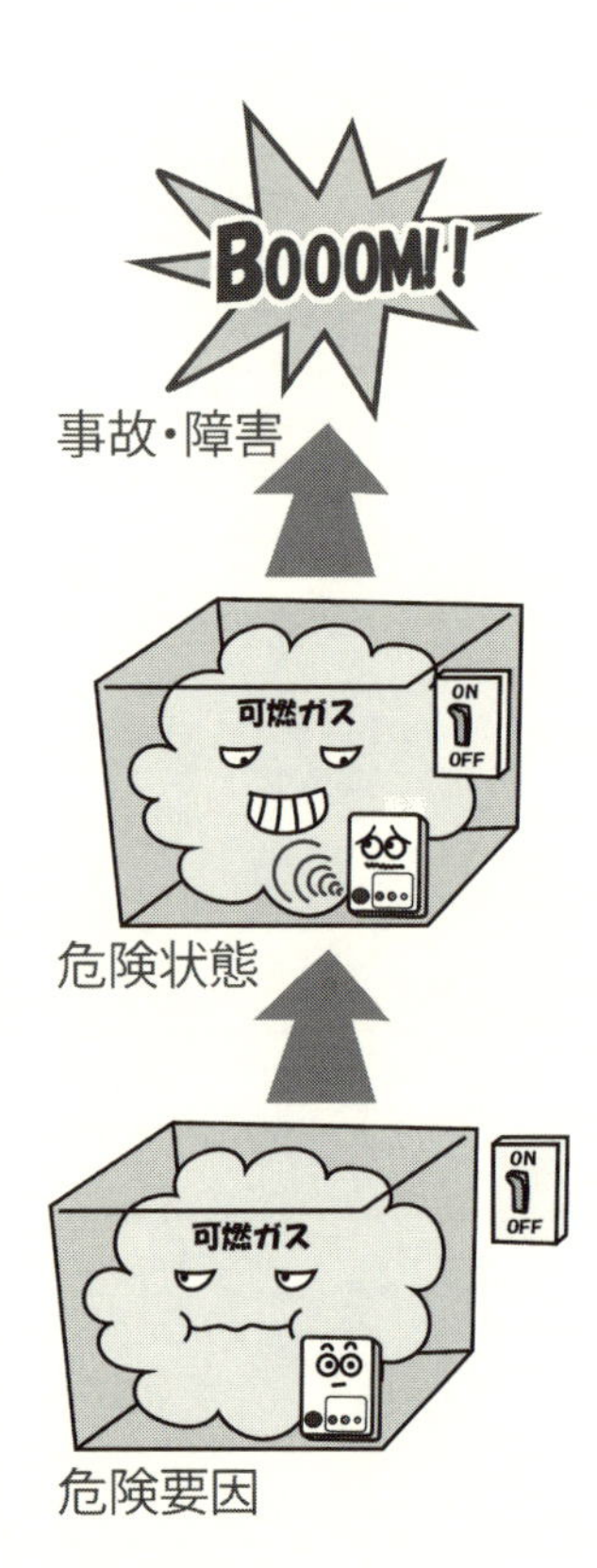

所以上あった全ての看板の取付金具が点検されました。落下するまでは危険要因と認識されていなかった看板は、事故があった翌日から危険要因と認識されたのです。

本書では、この種の潜在的な危険要因を、見えない危険要因として扱います。見えない危険要因に対しては、必要以上の不安がかき立てられるという弊害もあります。昔は、今のように夜は明るくなく、闇には妖怪や幽霊という、通常では見えない怖い物があるとされてきました。逆に、〝幽霊の正体見たり、枯れ尾花〟という川柳があるように、実際には危険要因でないものを危険なものとして見間違えるということもあります。

産業廃棄物や、環境破壊に繋がるオゾン、私たちの体に有毒な有機水銀、食品に含まれる有害物質も、見えない危険要因になります。安全な材料として開発されたプラスチック材料であるＰＣＢ（ポリ塩化ビフェニール）も、廃棄物として処理される際は、その工程で猛毒のダイオキシンを発生する可能性があることが分かりました。廃棄物処理する際の焼却温度が低かったり、酸素が少なかったりした状態で、ＰＣＢに含まれる塩素が反応して、ダイオキシンが発生してしまうのです。

　このように、当初は危険要因とは考えられなかったものも、その後の廃棄物処理技術の発達などにより、危険要因になることもあります。放射性廃棄物などの産業廃棄物が将来は環境を破壊する危険要因になる可能性もあります。大気汚染や海洋汚染などの、いわゆる公害問題は、大気や河川を汚染し、木々や魚に大きな影響を与え、ひいては私たちの生活をも脅かします。

　大きな被害が生じて社会問題となったものとして、現在の公害問題の原点と言われている足尾銅山の鉱毒事件があります。当時、銅の精錬から生じる亜硫酸ガスが空中および河川に放出、流れ出ることで、河川を汚し周囲の木々を枯らすなど、多くの被害が生じたのです。工場から放出される亜硫酸ガスがこのような大きな被害を生じさせる危険要因であったことは、それらを発生させる作業に携わっている人達でも、一部の人たちを除いては認識されていなかったと思われます。また、これら危険要因を知っていた人たちも、生じた有毒物質がどのように放出、拡散され環境を汚染していくか、そして、その結果、ここまで大きな問題になることを認識していなかったかもしれません。知らないということは、深刻な危険状態と大きな被害を生じさせる可能性があるの

です。つまり危険要因と上手に暮らすためには、積極的に危険要因を理解していく心構えが必要なのです。

「わたらせ渓谷鉄道」の終点から、バスに乗り継ぎ、山深い谷あいの道に沿って進んだところに、かつての足尾銅山精錬の跡地が静かにたたずんでいます。かつてここは歴史に残る事件が発生した地であったとは信じがたい思いがあります。公害問題が社会の大問題となる前にどうにかならなかったのか、当時では、それは不可能に近いことであったかもしれません。時が過ぎて初めて危険要因が認識できる社会の問題は現代も同じです[(7)]。

危険要因が見えにくい場合は、安全対策は後手にまわります。しかも、公害問題のように、それによって生じる危険状態が長期にわたる場合は、それが正常な状態に修復されるまでには、その影響、被害は多大な費用と時間がかかることが多いのです。私たちの周りにある見えない危険要因に対しても、過去に起きた事故の経験などを調査し、将来危険状態になる可能性があれば、そのことを認識し、共有しておくことが必要です。

１・６　備えがあれば、本当に憂いはないの？～安全対策と安心～

危険要因があるからといって必ずしも安心できないということではありません。ただ危険要因が見えない、または危険状態になる可能性がないと考えることで安心してしまうこともあるのです。また、安全対策があるからといって、その対策は必ずしも安心できるほどには効果がないかもしれません。それでも単に安全対策があるということだけで危険状態を想定しなければ安心できるかもしれません。しかしながら、このような消極的な対応では本当の安心は得られないのではないでしょうか。それでは安心できるための安全はどうあるべきなのでしょう。

まず、「安全」とはどういったものなのでしょうか。身近なところで、国語辞典をみてみます。

「安らかで危険のないこと。平穏無事。物事が損傷したり危害を受けたりするおそれのないこと。（広辞苑）」

「危険がなく安心なこと。傷病などの生命にかかわる心配、物の盗難・破損などの心配のないこと。また、そのさま（大辞泉）」

このように、国語辞典では、「安全」と「安心」を関係づけて説明しています。確かに、多くの人は、「安心」を得たいという思いから、安全を願い、そして心がけます。しかしながら安全と安心を一緒に遣ってしまうと、「安心のために安全を」と「安全とは安心なこと」という二つの概念が、堂々巡りになってしまうのではないでしょうか。

〝安全〟と〝安心〟とは対で使われることが多々あります。この二つの言葉の意味は似ていますが、その意味、使われ方は異なります。〝安全〟は、比較的、工学的な分野で、統計的なデータと共に、客観的な事物の特質、状態などを表すのに多く使われているのに対し、〝安心〟は、主観的な心情の意味合いが強いのではないかと考えられます。技術的な意味合いが強い安全と、心理的な意味合いが強い安心を一緒に扱うことには問題があるかもしれません。しかしながら、また、〝安全と安心〟を切り離して考えることも無理があるのではないでしょうか。客観的なデータをもとにした安全対策の技術、考え方を、主観的な意味合いが強い安心が得られるよう、両者を整合させることが必要ではないでしょうか。

安全な国、安全な社会を構築するための取り組みが必要だと考えている人にとって安心できる生活は、私たちが生きていく上での目標でもあります。また、現在を生きる私たちは、自分たちの生活だけに安心できる状況〟を望んでいるのではありません。将来の私たち、また私たちの次の世代にも安心できる社会を構築しなくてはならないのです。そのために一人一人が知っておくべきことは何でしょうか。

次章では、現在、工業分野で研究、開発されている安全技術をもとに、安全対策の基本的な考え方を紹介します。安全への考え方や取り組み方をもとに、〝安心できる安全とはどのようなものか、安心を得るための安全対策とは如何にあるべきかを考えていきます。

第2章

安全性の確保

第２章　安全性の確保

２・１　事故の責任はどこに？～さまざまな決まり～

前章では、安全な国、安全な社会を構築するために一人一人が知っておくべきことは何か、また、安心できるための安全対策はどうあるべきなのかという問題提起をしました。実際、安全対策があるからといって安心できるとは限りません。それでは安心できるための安全対策はどうあるべきなのでしょうか。

この章では、工業分野で研究、開発されている安全技術をもとに、主に安全を提供する側の観点からその対策の基本的な考え方を紹介します。安全対策が機能しなかったことで事故が生じたりすると、その対策を提供した側に責任問題が生じることもあります。安全対策はどこまで実施すべきか、安全とコストとの関係、また安全対策を第三者検証することの利点と難しさについても触れます。

物を製作する工場ラインにおいて、危険状態に晒される人または使用している機器が被害を受けないようにするためには、安全対策が必要になります。安全を提供する側（生産者側）は、危険要因の種類を明確にしてから安全対策を決めます。機械や道具などを設計、製造する製造者は、機械を操作する作業者が機械に巻き込まれる事故や、可燃性物質の扱いに伴う爆発や火災などの想定される事故に対して、危険状態が発生する前に、安全対策を図ることで、作業者が安心して作業ができる環境を構築することが要求されています。

万一事故が起きた際の責任の大きさは、事故の原因となる危険要因の把握が事前にできるものであったかそうでないかで異なります。この判断は、事故当事者の技術レベルだけでなく、そのときの国際的な技術レベルをもとに判断されます。このため、安全設計に関わる技術は、常に、国際的な観点から、規格、その他の情報収集をしておくことが要求されます。

工業分野では、過去に起きた事故を調査し、その情報をもとに、安全対策手順が検討されてきました。これらの安全に対する考え方は、各工業分野で安全規格として制定されています。日本においてはＪＩＳ（日本工業規格）、米国においてはＡＮＳＩ、英国においてはＢＳ、ドイツにおいてはＤＩＮなど、工業分野が進んでいる各国は、それぞれ自国の国家規格を持っています。現在ではこれらの規格は整合化／統一化され、ＩＳＯ（International Organization for Standardization）国際標準化機構やＩＥＣ（International Electronical Commission）国際電気標準会議などに代表される国際標準化機関で開発される国際規格が制定されています。品質マネジメントシステムでおなじみの規格であるＩＳＯ９０００も国際規格の一つです。

ただ、これらの国際規格の適用については、各国独自の規格と比して必ずしも法的な意味での強制力はありません。1979年4月にＷＴＯ(World Trade Organization)世界貿易機構で採択されたＴＢＴ(Technical Barriers to Trade）協定は、各国が定める工業製品などの規格への適合性評価手続き（規格・基準認証制度）が各国で異なることによる貿易の技術的障害、ＴＢＴ（Technical Barriers to Trade）を取り除くために、全てのＷＴＯ加盟国に対し、各国の国家規格を国際規格に整合させ、統一させることを義務づけることで、事実上の強制力を持たせているのです。当然のことながら、日本もＷＴＯ加盟国であり、協定を批准しているため、そのルールが適用されます。これにより多くの国が、この国際規格に沿って、自国の規格、また、それに基づいた安全規制を敷くため、結果として国際規格は強制力を有しているのです[1]。

製品を設計、製造する製造者は、安全を提供する側として、製造物をこれらの安全規格に適合させることが要求されます。万一事故が起き、被害が発生したときは、製造者に対して、いわゆる製造物責任が問われ、その責任の大きさは、前述のとおり、その事故が、そのときの技術レベルで防止できるものであったか、事故が生じた因果関係が分からなかったときは、その事故の原因がどれだけ事前に把握できるものであったかなどで量られ、その基準となるのが安全規格だからです。実際に事故が起き被害が発生したときは、その判断の正当性は、製品を設計、製造した製造者以外の第三者により検証が行われます。

製造物責任とはアメリカで発展した欠陥商品に係わる法的な責任で、Product Liability の和訳であり、最近ではＰＬという言葉が定着しつつあります。ＰＬについてＪＩＳＺ８１０１では、「設計、製造もしくは表示に欠陥がある製品を使用した者、又は第三者がその欠陥のために受けた損害に対して、製造業者や販売業者が負うべき賠償責任…（以下省略）」と定義しています。これを見るかぎり、きわめて当然なことと思われますが、実際には多くの問題を含んでいます。その一つにＰＬに関する訴訟の件数、実際に認容される賠償額の増加があります。この問題は、ＰＬ訴訟において、加害者の責任を認めるための基本となる製品の欠陥の概念が曖昧であることに起因するといわれています。

ＰＬ問題が今日のように世界的な関心を集めるようになった直接的理由は、アメリカにおけるシビアなＰＬ

法理の展開や、その判例にあると考えられます。アメリカには判例の積み重ねによる法体系の形成、陪審員の参加する裁判制度、多数の弁護士や成功報酬制度、また訴訟好きと言われる国民性など、特殊な要因がありますが、共通的な背景としては、以下のことがあげられます。

・消費生活の構造的変化と被害の広域・深刻化
・消費者運動の活性化と権利意識の高揚
・ＰＬ問題に対する国際的バランスの促進

ただ、ＰＬの発祥地であるアメリカでも最近はＰＬの行き過ぎに手を焼いているともいわれています。いずれにせよ、安全を提供する側である製造者は、製品の安全に関し今後とも厳しく追及されることになるでしょう[(2)]。

通常、製品を安全に使用するためには、正しい使用法が前提になっています。しかしながら、製品を使用する一般の人たちは、必ずしも正しい使用法に熟知していないことも多々あります。このため、安全規格では、どのような安全対策がとられているか、またそれらを安全に使ってもらうための使用方法を分かりやすく記載することを、製造者に要求しています。

一方、工場で働く作業者は、安全な製品を製造する製造者として安全を提供する側であると同時に、作業中の自らの身の安全を受ける側でもあります。作業者は、大きなエネルギーを使っている危険な機械類を操作しています。これら機械類を正しく操作することは、安全性を確保するためには大切なことであり、またその危険な機械の安全対策は、通常、正しい使用法に従って操作してもらうことを前提としています。このため作業者は、機械を安全に操作するための手順書の整備や訓練がなされます。安全規格は、このような手順書や訓練の必要性についても明記することを要求しています。

現在、火事が起きたときの火災保険や、傷害が起きたときの各種障害保険、自分が死んだ後の家族の安心を願った生命保険や、病気で入院や高度の治療が必要になったときの医療保険など、各種保険が用意されています。これらの保険は、自分の身体や家族に降りかかる様々な危険要因に対して安心を得るための安全対策の一つとして考えることができます。

これに対して、自動車を運転していて、誤って歩行者などを傷つければ大きな社会的責任を負うことになりますので、自動車を運転する人の多くは、その際の自己責任の金銭的補償を補えるように自動車保険に入ります。自賠責保険は、傷害を負った人に確実に保険金が支払われるよう、自動車を運転する人には加入が義務付けられています。傷つけられた歩行者などへの金銭的な補償を提供するという観点から、保険は安全対策の一つになりますが、それ以上に、本来安全を提供する側である、事故を起こした自動車の運転手の賠償責任を軽減するための安全対策とも考えられます。

先に記した製造物責任においても、万一事故が起き、被害が発生したときに、製造者に課せられる事故の負担を少なくするためのＰＬ保険が用意されています。製造物責任リスクに対処する手段として、高額な賠償金という不測の負担を平準化し、事務処理における保険会社のノウハウを活用できるという点でＰＬ保険は有効ではあります。保険金は、各種危険ごとに、過去に発生した事故や危険状態をもとに決められたリスクの大きさに応じて決められています。当然のことながら、事故や被害に対して、金銭的な安心感を得られることが安全対策の柱になっています。ただ、保険は、原則、事故や被害が生じてからの金銭的問題を支援するものに過ぎません。

一方、欠陥製品を製造・販売したという企業イメージのダウンや製品のリコール費用、アメリカ特有の懲罰的損害賠償金は保険の対象にはなりません[3]。

本来、安全対策とは、事故や被害などの危険状態にならないためのものです。よって、保険は、安心の観点から安全対策を補完するものと考えるのがよいのではないでしょうか。安全を提供する側の本質的な対応とは、事後対策ではなく、事故がおきないようにするための事前の安全確保なのです。

２・２　あなたはどこまでならＯＫ？　～許容できるリスク～

機械や道具などを設計、製造する生産分野では、人が機械に巻き込まれたり、可燃性物質の扱いに伴い爆発や火災が発生するなどの事故が想定されますが、そのような環境に従事する作業者の安全を図るためには、その作業を行う人の経験や、想定される事故の大きさに基づき安全対策が決められます。

実際に安全対策を計画し構築を進める上で、どこまで、どれだけの対策を用意すべきなのか、どの安全対策の構築を優先させるのかなど、危険性の度合いに対する大きさを設けることが必要になります。危険性の大きさを表す言葉としてリスクがあります。リスクは、日本語で「危険」、「危険性」、「危険度」、「危険率」、「事故」、「保険金」などと訳されます。安全対策に関わるリスクの定義は、危険要因によってもたらされる被害の大きさ、その危険要因に接触する頻度、危険状態から退避できる可能性などを総合的に表したものです。一般的に、安全対策とは想定されるリスクが安全とみなされる許容リスクまで低減させるための対策のことです。

工業分野で定義されている安全（safety）な状態とは、広く社会的に受け入れられる、いわゆる受容できないリスクから免れている状態とされています[4]。

しかしながら、同時に、便益を確保するために、付随して発生するリスクを進んで受け入れようとする考え方もあります。すなわち、ある業務に関連して発生するリスクが、合理的で、かつ現実的な最低限の水準まで抑えられているならば、その業務が許される、すなわちリスクの許容領域が存在するものとしています。ここでは受容リスクは、許容リスク領域より下の小さな、殆ど重大な影響がないとみなされるリスクとして扱われます。すなわち、〝許容できる〟ことは、〝受容すること〟とは異なるのです[5]。

安全とコストは本来比較するものではないかもしれませんが、通常、安全性を確保するための安全対策には、多大な費用と時間がかかることから、実際に対策をする上では、そのための費用と、時間とを見積り、危険要因の大きさから対策の優先度が決められます。許容リスクの範囲は広く、安全対策を実施するために かかる費用と、その対策の必要性などとの兼ね合いをみるために、費用と便益についての評価が必要となり、一律に決めることはできません。しかしながら、広く一般に受け入れられるという受容リスクも、一律に定めることは難しいようです。

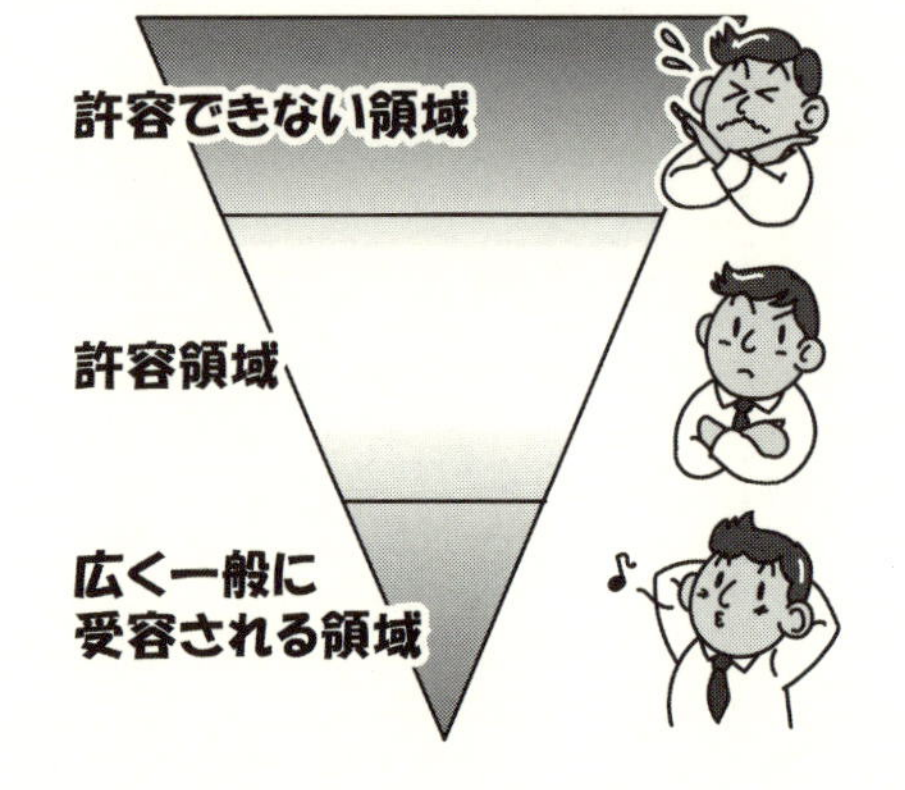

工業分野とは異なりますが、受容リスクを分かりやすく説明するために、夏場のゴルフ場でのプレーを例として挙げてみましょう。あなたがゴルフをスタートした時点では、天気が良かったのですが、コース途中で、突然雨が降り始めました。あなたは、プレーをやめて、途中の木陰で雨がやむのを待つかもしれません。そのとき、雨宿りをしていた木に突然落雷を受ける危険に晒されることがあります。中には、その結果、命を落とす人もいます。この場合は、被害は死に至る重大なものですから、夏のゴルフは、本来でしたらやめるべきでしょう。でも、実際には、落雷に遭う可能性は少ないし、いざとなったら、落雷し難い場所を探して逃げることもできます。現状、夏にゴルフをする人は大勢いるため多くのゴル

フコースには避難小屋を用意するなどの対策がとられています。この点では、落雷はゴルフプレイヤーにとっては受容できるリスクなのかもしれません。

許容リスクと受容リスクの設定の難しさは見えない危険要因に対して対策を考えるときに表れます。日々の技術的進歩により、想定されるリスクは、経験がないため通常、我々が日常的に経験するようなリスクではありません。この段階では、受容リスクはもとより、許容リスク自体も明確に定められないことが多く、結果として対策が遅れてしまうこともあります。

逆に必ずしもすぐに対策を必要としない状況下にも関わらず、私たちは、不安を増大させてしまうこともあります。たとえば、微量な放射性物質は、常に私たちの周囲にあります。通常は問題にされないのですが、放射能が漏れるなどの何らかの事故が報道されることで人々の関心が集まると、たとえ影響がない程度の微少な量まで問題にされることがあります。周囲の環境を精密な機器で測定することで何らかの放射能の量が検知されると、たとえその量が安全基準に照らし合わせて十分に安全であると宣言されても、検知されたこと自体が不安事実となり許容されなくなることもあるのです。

子供達が普段、口に入れるお菓子や果物で、体に悪影響があるかもしれない物が含まれているなどの情報が伝わると、たとえ、その量が許容レベル以下であっても、よく理解されないまま大騒ぎになることはよくあります。実際にアメリカで起こった有名な事件とし

て、１９２０年代以来使用されてきた肉の保存料である亜硝酸塩がネズミのリンパ腺ガンを増大させることを発見したときの例があります。１９７９年の「サイエンス」誌に報じられた研究内容では、亜硝酸塩を与えられたネズミは研究期間中に10・2％がリンパ腺ガンになったが、亜硝酸塩を与えられなかったネズミでは、その間にリンパ腺ガンになったのは5・4％だったということでした。この研究結果によっては、大騒動を引き起こすのに十分であり、政府や経済団体、研究団体などの間で激しい論争が起こったのです。ある消費者団体は、亜硝酸塩添加物の禁止を求め、官僚たちは亜硝酸の健康への問題を真剣に見直し始めました。また、このときの消費者運動の指導者は、ホットドッグのことを「アメリカの最も破壊的なミサイル」とも呼んだのです。ちなみに、この種の研究で動物実験で与えられる亜硝酸塩などの危険物質のレベルは、20匹のネズミに、低レベルと高レベルの異なった量を与え、その結果から発ガン性の有意性を示したものですが、その量は人間に置き換えると、なんとソーセージのサンドイッチを27万個食べる量に匹敵するものであったのです。この事件については、添加物が健康に影響を与えることを指摘する人たちも、消費者はその危険要因について、もっと理解すべきであることを指摘しています(6)。

このように、従来は危険要因とみなされていなかった食品添加物も、多量に摂取すれば健康に影響を与えるという情報が公になったことにより、これまで安全に関わっている人たち（生産者）は、その影響度は許容リスクの範囲と考えていたとしても、消費者にとっては許容リスクという考え方は受け入れられなくなることも多々あるのです。安全対策を考える上では、許容リスクというものを前提におかなくてはならないのですが、その許容リスクは、安全を受ける側には受け入れられにくいということも念頭におかなくてはなりません。

２・３　リスクにも「見積もり」がある～リスクアセスメント～

安全対策は危険状態になってから用意するのでは間に合いません。事故や被害が生じる前から用意しておくべきものです。例えば地震や台風などの危険要因に対しては、過去の被害の大きさから、危険状態になってもできるだけ被害を小さくするよう、建物の強化、河川の堤防の強化などの対策をとります。

しかしながら実際には危険要因が危険な状態になってから、または実際に事故が起き、被害が生じてからはじめてそれらが危険状態にあったことが認識されることも多いのです。危険要因に気付かないときは、安全対策は後手に回ります。このため、危険状態になる前に用意するには、どの危険要因が危険状態になる可能性が大きいのか、また複数の危険要因が同時に危険な状態になる可能性がないかなど、想定される事故や被害の大きさを、あらかじめ検討しておくことが必要です。

どこまで安全策を講じればよいかは、危険の大きさ、どの程度の頻度で危険状態になるか、また大きな災害にならないように避けるまでの時間的余裕があるかなどにより、緊急度や対策費が試算されます。

大きな危険要因としては、一般的にエネルギーの大きい物が挙げられます。可燃性物質、特に水素などは大きなエネルギーを瞬時に発生することで爆発事故を起こすため、危険性が大きいといわれています。一方、毒性の物質などは、エネルギーの大きさはそれほど大きくはないかもしれませんが、外部に流出した場合は大きな被害が生じますので、やはり危険性が大きいといわれています。そのため危険性の大きさは、必ずしも危険要因のエネルギーの大きさだけでは決められません。

事故や被害が発生する前に、このようなリスクを想定し対策をたてることをリスクアセスメントと言います。危険要因を洗い出し、それによって引き起こされる危険状態（被害）を想定して事前に安全対策を講じることは、安全を確保するために大事なことです。しかし想定される危険状態の全てに対して安全対策を用意するとなると過剰な安全対策によりコストが大きくなってしまいます。〝安全とコストを天秤にかけるな〟とはよく言われることですが、安全を提供する側からは、コストや時間を考慮することは必要なのです。

リスクアセスメントは、そのリスクの大きさを事前に把握することで、安全対策の優先順位をつけるために利用される方法です。また、保険の分野では、交通事故などにおける保険金の額の計算などに適用されるなど、保険金の設定にもリスクアセスメントが使われています。このため、リスクの日本語訳の中に「保険金」があるのです。

リスクアセスメントは、リスク分析とリスク評価からなります。リスク分析では、対象とする危険要因を利用する人、または接触する人、危険要因の安

全性に関連する規則や規格、その他、安全に関連するデータ、危険要因のエネルギー源またはエネルギーを供給する手段、および過去に事故が生じたことがあるかの経歴などに関する情報を基に行います。

リスク分析の結果に沿って、危険要因を扱う際の動作範囲、想定された危険状態や危害のひどさ、危険要因に接触する頻度、危険状態になった際の危害を回避できる程度や危険状態になる発生確率などをもとに、リスク評価を行います。リスクの大きさを見積もる際の被害の大きさは、人身被害の場合、死亡を含む傷害の程度の大きさ、傷害に遭った人の数などで判断します。また装置被害の場合は、被害にあった装置の価格、復旧までの時間や、被害の範囲などが考慮されます[7]。

被害の大きさは、通常、過去に被害が生じたときの被害額をもとに想定されます。実際に関連する規格などに挙げられていますが、過去の被害は、そのときの環境状況などに大きく影響されるため、過去の被害から現在または将来の被害額を定量的に想定することは必ずしも容易ではありません。リスクの大きさは、想定される被害の大きさだけでなく、危険要因が危険状態になるまでの可能性、時間、危険要因に接触する機会、方法、環境についても配慮して推定される必要があります。

またリスクアセスメントを実施する上では、過去に、自らが遭遇した危険状態、被害の経験はもちろん、そのときの対策内容、対策効果などを活用することが大切です。たとえば、工場で可燃性物質を扱う人であれば、工場内の可燃性気体や液体にはもちろん、爆発の要因となる点火源や、換気性などに注意を払うでしょう。それらは、過去に爆発などの事故が起きた話や、自らの経験を生かしたものかもしれません。これらを蓄積、活用することは、より正確なリスクアセスメントを実施する上で極めて効果的です。過去からの経験や情報を蓄積、有効に活用することが、競争力のある企業を生み出すといわれているのは、このリスクアセスメントの活用力の差と考えてもよいかもしれません。

同じ危険要因でも、立場によって、リスクを与える側にも、またリスクを受ける側にもなります。身近な例としては自動車事故があります。自動車は生活の上でとても便利なものですが、道路を横断する歩行者から見れば危険要因であり、自動車が通行人の列に飛び込んで人が負傷する事故を想定したリスクはそれなりに大きなものになります。一方、自動車を運転する人も、運転を誤って歩行者などを傷つければ大きな社会的責任を負うことになります。歩行者以上に大きなリスクを背負って運転していることになります。

またリスクアセスメントは、危険要因を認識することが重要ですが、危険要因の認識自体は立場や価値観によって異なることもあります。工業分野とは異なりますが、一般に報道されることが多く分かりやすい例として食の安全に関わるリスクを取り上げてみます。先に上げたアメリカでの肉の保存料の例にもありますが、食材に含まれている添加物が体に悪い影響を与えるなどと報道されることで､消費者離れを招くことがあります。その結果、その食材は店頭から排除されるだけでなく、しばらくは製造すらできなくなるなど、生産者が大きな損害を被るリスクもあります。報道する立場からは、その添加物が含まれる食材を食べることで健康を害するリスクから消費者を保護することは重要であり、その観点からは、この情報の公開が、生産者や販売する店の損害額よりも、報道することを優先すべきであるとする主張は理にかなっているとも考えられます。ただ公開するにあたっては、その添加物が、どれだけ体に悪い影響を与えるかについて客観的にリスクを評価したデータを示すことが重要です。そのリスクを、少なくとも、食材の生産者や、それを販売する店の人に理解してもらうことも必要なのです。完璧な管理や対策は難しいのです。社会は同じ目的や価値観を共有する人ばかりではないのです。そのため、ある人々には事故の原因と看做される事柄も、別の人々には成功の主因ともなりうるということを考えなくてはなりません。リスクアセスメントを実施する上では、そのリスクを受ける人全体の立場を考慮することも必要なのです[13]。

機械を扱う労働環境では、どのようなシステムでも一番大事なことに対しては訓練しておくことが大切であるといわれています。確かにそのとおりであり、起こってしまった事故から学ぶべき教訓でもあります。しかし、想定されていない事態への対応はどのようにするのでしょうか。最も重大なことをどのように見いだすのでしょうか？

航空機を例にとれば、リスクアセスメントにより危険が想定されている事柄に対してはハード上の対策、乗務員の訓練などで対策がなされた上で運行されています。飛行中に二発のエンジンの片方が停止することは想定されているので、ハード上の準備がなされており、パイロットも対処法の訓練を受けており、空港に着陸することができます。しかし、リスクアセスメントで想定されていない事態には対策をとることができないのです。つまり設計段階などでリスクアセスメントを行うことで見出された危険に対してしか対策がとられないということです。言い換えれば、リスクアセスメントなしでは安全対策はでてこないということです。安全対策だけが湧き出てくることはありません。リスクアセスメントで危険を想定し、それに対する保護対策をとることで安全が成り立っているという構造を理解することでリスクアセスメントの重要性も分かるのです[8]。

２・４　リスクを少しでも減らすには

危険要因を認識し、そのリスクの大きさを見積もったら、そのリスクが許容リスク以下まで低減するための安全対策を構築します。つまり、危険要因が危険状態にならないようにすること、または万一事故になっても、それによる危害の大きさを小さくすることです。現在は危険状態になくても、近い将来危険状態になると予測できれば、事前に危険要因を排除ないしは遠ざけることで、危険状態にならないようにすることもできます。このような安全対策は、「本質的安全設計方策」と呼ばれます。本書では用語の簡素化及び一般的な安全対策と区別するために、「本質的な安全対策」と称することとします[8]。

例えば工場内の工作機械等の生産設備、また移動手段である鉄道列車や自動車などは、通常大きなエネルギーを利用しているため、作業者や歩行者にとっては危険要因になります。そのため、人のいる領域と機械類が稼働する領域とを分離する考え方が一般的です。たとえば、高い電圧がかかっている制御装置や高速に回転している機械は、頑丈な容器で囲うことで、作業者の接触による事故を防いでいます。鉄道列車は、高架線路の上や地下だけを走らせる、また自動車は、高速道路などの専用自動車道だけを走らせるなどの対策があります。

このように本質的な安全対策は、危険要因を分離、隔離しますが、制御装置や工作機械は調整や動作のためのセッティングをする際、鉄道や車は人が乗り降りするときや一般道に合流するときに分離が解除されます。その意味では、本質的な安全対策は、ある限定された範囲、または前提のもとでの対策と考えられます。

　また安全対策は、必ずしも危険要因ごとにあるわけではありませんし、一つ定まった方法があるわけでもありません。たとえば、可燃性物質による火災や爆発の事故を防ぐための対策としては、可燃性物質を使わないこと、または可燃性物質が危険状態にならないために空気が入り込まないよう隔離することが考えられます。自動車のガソリンタンクや、ロケットの液体燃料などは、この考えに基づいて、密閉された容器に格納されています。ただ、それらを使用する際は、実際に使用する際の通路や弁などからの漏れを考慮することが必要であり、漏れを完全に防止することは現実的には難しいことが多く、このため、可燃性物質を扱う場所で使用する機器は、点火の可能性が起きないよう設計された防爆機器に限定されています。このような防爆機器を使用することも本質的な安全対策の一つです。防爆機器の代表的な構造としては、電気回路部を頑丈な構造の容器で覆い、たとえ容器内に可燃性のガス又は蒸気が浸入、爆発したとしても、容器外の可燃性ガスの爆発に繋が

ることを防止するもの、または機器の電気回路部が、可燃性のガス又は蒸気に点火しないように電気エネルギーを制限したものなどがあります[9]。

このように本質的な安全対策は、本来、危険状態にならないように危険要因自体を遠ざけることが基本になっています。しかしながら、先にも記したように、危険要因は私たちの生活に必要なものが多く、危険要因を完全に除去する、遠ざけることが具現化できない場合が多々あります。このため、多くの安全対策は、危険状態になってから、または危険状態になることを前提としたものになります。

列車を例にとれば、列車を人や他の乗り物との接触を避けるために高架線路の上や地下だけを走らせる対策に対し、踏切などのガードを設け、列車が通過するときは、人や他の乗り物が踏切内に入れないように遮断機を設置するなど追加の安全防護策もとられます。

工作機械などが稼働中に機械近傍に人が入らないよう安全柵を設ける場合では、機械の段取りや保守時など人が安全柵の中に入るときには機械を停止させるといった、安全柵とは別に組み合わせた制御システムが使用されます。このような制御システムは、危険状態になったときに確実に動作しなくてはなりません。この制御

耐圧防爆

BoooM!!

本質安全防爆

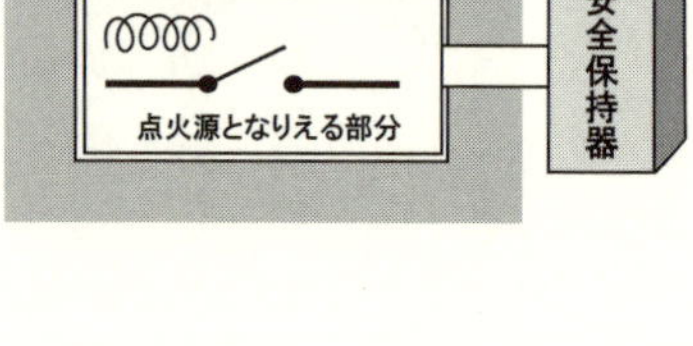

点火源となりえる部分

安全保持器

システムを構成する機器の中には、通常時は動作せず、非常時、すなわち危険状態になったときにのみ動作するものもあります。このような機器では、定期診断や故障してから修復するまでの時間の短縮化などの工夫がなされています。

安全機器の多くは、安全機器の信頼性を強化すると同時に、個々の安全機器が故障してもシステム全体の安全性を確保できるよう複数の安全機能で構成されています。このように一つの安全機器が万一故障しても、安全性を維持できるシステムを機能安全と称します。機能安全は、本質的な安全対策の一つの手段として扱われています[10]。

大きな危険要因も、制御されていれば危険要因にはなりませんが、このことは、逆に大きなエネルギーを制御するもの（対策物）は危険要因になり得るのです。実際に安全防護のための安全機器には、大きなエネルギーを制御するものが多くあります。しかし安全機器が故障し、制御不能になった際は、安全機器自体が危険要因となってしまいます。また電車や飛行機では、運転士や操縦士が大きなエネルギーを安全に制御する役目を担っていますが、これらの安全機器を担う人たちが予測できない動作または異常な行動をとって、大きな事故が発生することもあります。システムの誤動作、オペレータによる誤操作など、制御システムの安全対策は、深刻な危険状態をもたらすため、特に安全性への配慮が必要です。

2・5　知ることが、対策の第一歩～情報提供による安全対策～

これまでの危険要因を取り除く本質的な安全対策に対し、列車と人の事故を防ぐため、列車が通過するときを警告灯で知らせるような対策を危険情報による安全対策と言います。一般道路で人と車が信号機の指示に従って交通事故を防止する対策も、危険情報提供による安全対策といえます。

工業分野における安全対策では、はじめに合理的に危険源を除去できる本質的な安全対策を構築し、その対策の構築が技術的にもしくはコスト的に難しい場合には、危険要因または危険状態にある領域と人体との間にガードなどの安全保護装置、また危険状態から逃れるための非常停止設備などの付加防護対策を追加し、それでもなおリスクが残る場合は、その残存リスクを危険情報として明確化して危険状態の中での作業者に使用上の情報として提供しなければならないとしています[11]。

このように、危険情報の提供は、補助的な安全対策と考えられ易いのですが、本当にそうなのでしょうか。実際には、安全対策における設置環境や使用法に関する前提条件は、本来の危険要因を安全に機能させるための範囲を規定するものであり、対策の中の一つとして位置付けられるものです。以前は、人が危険な機械を操作する際、機械に精通した経験者が正しい手順通り操作すれば、安全対策などなくても事故は起きないと言わ

れるぐらい、経験が重視されていました。今では、例えそのような経験がなくても事故が起きないよう機械を設計すべきであるとされていますが、それでも安全に機械の扱いに精通した経験者を育てること、危険要因の扱いを正しく、かつ分かりやすく記載した手順書を整備することは、最優先の安全対策です。

安全を提供する側が危険情報を提供するということは、安全対策が用意されていても危険要因が危険状態になる可能性があることを、安全を受ける側に理解してもらうことでもあります。私たちの身近な例としてよく挙げられるものに、薬の副作用があります。薬（医薬品）は、副作用のない薬が理想薬なのではなく、安全に薬をつかいこなすことが肝心なのです。現実の〝安全を図る行為〟は、偏る見方、部分的解釈を避け、個々の完璧、完全よりも、むしろ安全に使いこなす知識と、それに基づく正確な見通しのもとに、利害関係者全員が許容しうる内容に近づける努力、及び姿勢や態度が重要だといわれています[(12)]。

このように、危険情報を提供するにあたっては、その前提条件である適用範囲や残存リスクを、客観的に評価した安全対策の効果と共に示すことが必要です。しかしながらリスクを受け入れる側は同じ価値観を共有する人ばかりではありません。残存リスクに対する安全性を分かりやすく説明することは難しいことが多いのです。危険要因によって生じる事故や被害の程度が大きいものは、たとえ危険状態になる可能性が低くても多くの人たちには理解してもらえないこともあります。

このため、以前は、危険要因に関する情報を関係者に知らせることはタブー視される傾向がありました。かつての日本でもそうであったように、現在でも、一部の国では情報統制を行い、想定される危険について国民に知らせない傾向があるようです。

安全を提供する側が危険情報を伝えるということは、危険要因が危険状態になった際の、それによって生じる事故や被害の程度や発生頻度などをリスクとして認識してもらうことであり、かつ、そのリスクを安全を受け入れる側に受け入れてもらうことでもあります。ただ、安全を伝える側と安全を受け入れる側とでリスクに対する認識が異なる場合は、リスクを受け入れてもらえないときがあり、このときは、危険情報を伝えること自体が難しくなります。危険情報を正確に伝えるためには、先ず、危険要因を認識し合い、共有化することが大切なのです。

生産工場などでは、以前より、整理、整頓運動が、安全性向上のために実施されてきています。整理、整頓により危険要因を見えるようにすることは、共有化するには有効な手段です。あるべきものがあるところに配置されることで、そこにあってはならないもの、あるべき状態でないものが見えるようになるのです。そのため、工場などでは、安全対策の基本として、5S運動が提唱されています。

5Sとは、整理（Seiri）、整頓（Seiton）、清掃（Seiso）、清潔（Seiketsu）、躾（Shitsuke）のローマ字表記の頭文字をとったものです。5S運動が、安全に大きな効果があるのは、一つには危険情報を、作業者に伝えやすくなることです。それと同時に、作業者自身も、積極的に危険要因を認識し、危険状態にならないよう実行していくところにあります[13]。

生産工場以外でも、危険要因を認識し、理解してもらうためには、この5Sの考え方を活用できるのではないでしょうか。周りにある危険要因を把握、分類し、不要な危険要因は排除する。日頃から清掃、清潔に努め

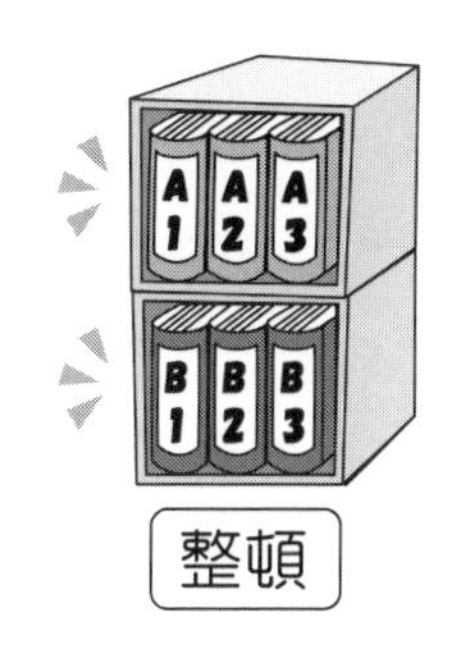

ること、そして、危険状態、事故の大きさを想定し、危険要因が危険な状態にならないよう教育、訓練を心がけることは、まさに危険要因を認識してもらい、その危険情報を伝えること、そのものなのです。もちろん、整理、整頓することで、全ての危険要因を知ることができるわけではありません。いかに視界に入っていても、それを人が危険要因と認識しなければ、見えていないのと同じです。危険要因が危険状態になり、そこから事故や被害が生じる過程には、共通性が見られます。工業分野では、過去の人々の知恵が集積されてきた安全技術や安全対策を、関連する装置や工場、または関連する部署や事業所、ひいては異なる職種や市場と共有することが推奨されています。蓄積されたノウハウを関連する装置や工場、異なる事業や地域へと展開していくことは、危険要因を認識する上で有効な手段なのです。この考え方は、機械や工場などの工業分野に限ったことではありません。

私たちは日頃携わっている領域とは異なった領域について考えることが大切であり、それぞれの人がそれぞれの専門領域で得たことを他の領域の人々に共有化するやり方に通路をつけるのです。通路をつけるためには、個別的に考えるのではなく、それぞれが、それを職業にしている領域で感じている問題意識や経験的なものに携わりながら体験したり実感したりするものをひねくりまわし、そのひねくりまわしたものから類推することで、異なった領域への通路につなげられるのです[14]。

2･6　安全対策を認めてもらう ～認証とは？～

安全設計に関わる技術は、過去に起きた事故の情報や調査結果、安全に対する考え方をもとに、設計・評価手順がまとめられ、安全規格として制定、発行されていることが多く、この場合、第三者による安全対策の正当性は、この安全規格をもとに検証されます。

工業分野における安全機器のように特に安全性の確認を必須とする分野においては、この第三者検証（認証機関による認証書取得）が法律で定められています。２・４節で紹介した爆発性雰囲気の環境下で使用する機器は、この法律で定められた第三者検証を必要とする「防爆構造電気機械器具（以下、防爆機器）」に該当します。つまり防爆機器として販売できる製品、また爆発性雰囲気下で使用する製品は、厚生労働大臣の登録を受けた登録型式検定機関での型式検定に合格していることが必要です。

工業分野においては、殆どの製造者は、製品の安全性が安全規格に適合しているかを検証しています。国内では、第三者検証（認証）が必須ではない製品に対しても製造者は、万一の事故や被害が発生したときの製造物責任の軽減を目的に、この検証を事前に第三者に判断してもらうことも多くあります。このような第三者検証は安全認証とも称されることがあり、以下、本書では安全認証と表記します。

安全認証では第三者が適合性を判定することで、安全性に対する客観的評価ができる反面、製品ごとに要求される安全性に関わる各種専門的な情報を理解しなくてはならないという困難さがつきまといます。このため、実際には安全認証にはいくつかの問題があります。

その一つは、安全規格は、過去の安全設計に関わる技術をもとにされていることが多いため、実績がない安全対策に対する判断は、専門的な製品や安全対策の知識が少ない第三者には難しいことです。このため、第三者による検証は、規格要件に適合しているかどうかだけの判断になりがちです。安全規格は、過去に起きた事故情報や調査結果をもとにしていますので、安全に対して新しい考え方のもとに設計された製品は、必ずしも安全規格では説明しきれないものも多々あるのです。結果として新しい製品、新しく考案された安全対策は、安全認証取得が難しくなります。

次に、本質的な安全対策や安全防護対策には、対策のための前提条件があることです。例えば、爆発性雰囲気の環境下で使用する機器が要求される防爆性能は、その機器が使用される環境に基づいて定まります。この環境は、通風、換気、除じん等の措置を講じることが可能です。実際、これらの措置、および環境状態を監視する手段により、爆発性雰囲気という危険要因に限定される、または危険状態になる確率が小さくできれば、この前提条件の下で、防爆機器に要求される防爆性能は軽減されるのです。このような前提条件を構築することは基本的な安全対策のひとつとされています。しかしながら、このような前提条件に対する具体的な手段や数値は通常安全規格には規定されておらず、かつ実際の製品が使用されている状況に関わる機会が少ない第三者には適合判断が難しくなります。結果として、このような前提条件に基づく安全対策は、安全認証取得が難しくなります。

危険要因となる動作は、そこに遭遇する人達や環境など、あらかじめ定めることができないファクタに影響されることが常です。環境因子の測定などに基づいて危険要因を認識する際も、本来の測定対象とは異なる雑

音成分が加わります。このため、安全性への配慮から、複数の安全対策でリスク低減を考えることは、安全対策の基本的な考え方です。複数の対策を割当てる際は、各対策の機能が同じ原因で故障してはなりません。工業分野では、このような故障を「共通原因故障」と称します。共通原因故障の可能性が低いということは、個々の安全対策が独立するよう配慮されていなくてはなりません[15]。

安全対策への評価は、製品やその使用条件などに関わる専門的な情報の理解が必要です。これに対し第三者検証は、この共通原因故障などのような専門的見地から安全対策の適合性を判断することで有用な手段になると考えられます。第三者検証は安全を受ける側の立場に立って検証することは大切ですが、このことは、広い観点からの危険要因に対する理解も要求されるのです。

安全対策とは、そのための前提条件を明確にすること、また対策に至るまでの評価手順と、その結果としての評価、試験結果を明確にすることから始めるといってもよいかもしれません。

安全を提供する側と安全を受ける側、共に危険要因を認識し、理解することが必要なのです。たとえば、安全な制御システムを設計するためには、システムを構築する各安全機器がどれだけの確率で安全性能を維持できるかの見極めが必要です。このためには、危険状態を引き起こす故障がどの程度の確率で発生するかを第三者に分かりやすく整理、認識し、危険状態を検知することが必要なのです。

次章では、迅速な安全対策を可能にするための危険要因の認識と危険状態の検知方法について紹介します。

第3章

危険状態の把握

第3章　危険状態の把握

リスクアセスメントには危険要因の認識が必要です。本章では、危険要因の認識と、それが危険状態になる際の検知方法について、最近のセンサ技術と合わせて紹介します。

3・1　すべては「気づき」から ～危険要因の認識～

人々がこれまで安全対策を積み重ね、注意して行動するようになってきたため、従来では分からなかった危険状態になる可能性が高い危険要因が認識できるようになりました。このため、単一の危険要因に起因する事故は相当少なくなってきています。特に、工業分野では、リスクアセスメントなど、過去の人々の知恵が集積されてできた安全技術や安全対策があり、危険要因の認識やその対策に効果を発揮しています。危険要因が認識できているということは、その危険要因が近い将来危険状態になる可能性が高いということが分かっているということです。私たちは、それに対する安全対策を事前に用意することができます。そのためにも、危険要因を認識し、かつそれが危険状態にあるかどうかの検知が必要なのです。

たとえば、材料の劣化や取付けの不備など、外部からは直接見えないもの、見ようとすれば見えるが、普段は注意が行き届かないために、危険要因として認識できないものが多くあります。この種の見落としや点検の不備などによる事故が生じた際は、関連する箇所は危険要因と見なされ、再点検が実施され、その結果、いくつかの不備、すなわち危険状態が見つかることは多く見受けられます。特に、以前建設された工場設備や道路、建物などは、その老朽化に伴い多くが劣化や取付け部の緩みなどの危険要因を有しています。

以前、高速道路のトンネル内の天井板が、その取付金具が経時変化して緩んだことにより外れて落下し、その下を通っていた車に直撃したことで大きな被害が生じたことがあります。天井の板は危険要因とは認識されていなかったのです。事故が起きてからはじめて、取付金具の経時変化や、外部から加わる振動などの力を確認しておくことの重要性が認識されました。

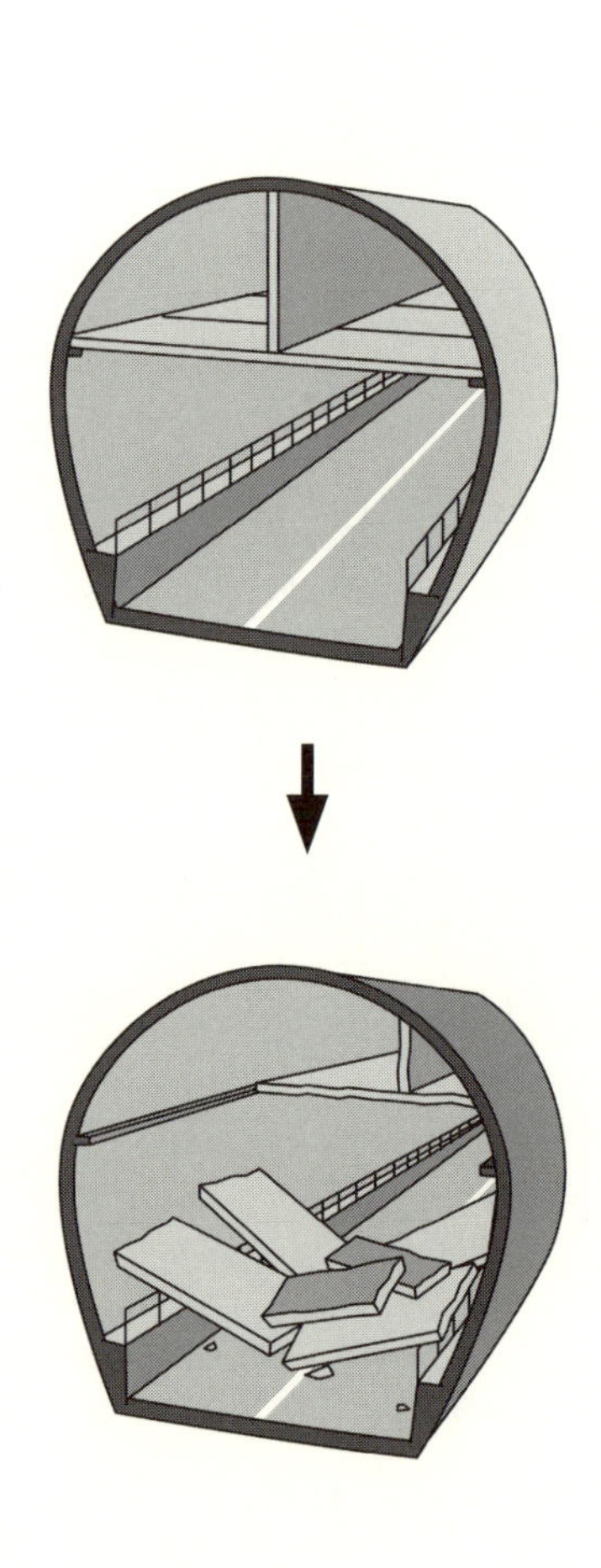

実際、道路橋やトンネルなどが老朽化で崩落したりする事故が生じた後は、関連する設備の点検が行われ、更に多くの危険状態が発見されています。危険状態が見つかること自体は、安全上好ましいことですが、実際は、このような危険要因の事前認識は難しく、しかもこの種の危険要因箇所は極めて多いため、多くが定期検査の対象外になっているともいわれています[(1)]。

危険状態を引き起こす要因となる故障には、使用する部品の劣化や、製作上のばらつき、環境要因などの偶発的な要因により生じるものが多く、危険要因の認識を難しくしています。また、多くの危険な状態は、複数の危険要因が関与しています。複数の要因が各々独立して危険状態になるのではなく、多くの場合は危険要因同士が作用し合って、危険状態になることが多く、この場合は、複数要因のどれが危険状態になる主犯格であるかが認識できないことが多いのです。工場などでよく見られる複数の危険要因として取り上げられるものに、電磁ノイズがあります。電磁ノイズは、人の目に見えないことに加えて、その発生源と伝達ルートが複数あり、かつそれらが、あるタイミングで共振したときに周囲の機器を誤作動させたり、時と場合によっては機器を破損させるなどの障害を発生させます。電磁ノイズの問題は、工業分野における、古くて新しい問題として、常に機器の設計者、使用者を悩ませています。

例えば身近な日常生活での複数要因による悪影響の代表的なものに薬の副作用があります。一般的に薬は、体の特定の異常に対しては有効ですが、体の他の部位に対しても影響を与えることがあります。特に複数の薬を同時適用すると、予期しない副作用（危険な状態）が生じる可能性があることはよく知られています。このため、薬を販売ないしは調剤する際は、現在服用している、または過去に服用した薬を調べることで、その薬が重大な副作用を生じさせないか調べるための「お薬手帳」が用意されています。

広い意味で、ヒューマンエラーも複数要因として考えることができます。複数要因を認識するためには、これら設計ミスや対策の欠如などの人為的な要因による場合も危険要因としてとらえなくてはなりません。ただ、ヒューマンエラーは、扱う対象物の操作の難しさや、操作における人間工学的配慮などに加えて、疲れとか、騒音や照明などの周囲の環境なども絡み、危険要因として認識する上では難しい部類の危険要因とも言われています。

危険要因が危険状態になる因果関係をもとにして、間接的に危険状態になる可能性が高い危険要因を認識する方法もあります。身近な例として、車の運転手のアルコール濃度による飲酒運転の摘発があります。交通事故の大きな要因の一つである、飲酒運転者の車は、飲酒していない人が運転する車に比して圧倒的に事故が多いという過去の実績データに基づいて、日本では、血液中のアルコール濃度を基準値以上もつ運転手は危険要因と認識されています。運転する人の血液中のアルコール濃度と事故については、アルコール濃度と運転能力には個人差が大きいと言われていますが、事故になる前に危険状態を検知することは、安全面の点において極

めて大切なことであるという観点から、検問などにおいて基準値以上のアルコールが検知された運転手は車と共に危険状態とされ、その場で運転することを禁止されます。

このように、危険状態になる因果関係をもとに危険要因を事前に認識しようとすることは、安全対策を必要とする危険要因を抽出する上では有効な方法です。しかしながら、この方法は、各種の事象の変化に対して誤った因果関係を持たせることにつながる可能性があります。特に、最初に危険状態ありきから危険要因を認識しようとすると、時と場合によっては、その因果関係に無理が生じ、その結果としての対策案は、本来の私たちが気を付けるべき危険要因に対する対策案とはかけ離れたものになる危険性もあります。極端な例としては、子供が外で遊んで怪我をすることが多くなったことと、公園で怪我をするときは遊具を使っているときが多いということから遊具を危険要因と認識し、その結果公園から遊具を撤去するとか、また見知らぬ人から危害を与えられる事件が増えていることと、見知らぬ人が近隣者に近づくときは先ず挨拶をかけてくるということか

ら、近所での挨拶を掛け合うのをやめようとか、挙句の果てには、外国人が増加したことと犯罪件数が増加したこととを結びつけて、入国制限を試みようなどのように、「風が吹けば桶屋が儲かる」というような因果関係をもとに、滑稽な対策案に転じてしまうことにもなります。

危険要因から危険状態になるものを選別することが難しいのは、同じ危険要因であっても、それを利用する人たちによって危険状態になるものもあれば、ならないものもあるからです。

例えば、私たちは危険要因に関する多くの情報を、新聞やテレビ、ラジオなどの情報から得ていますが、これらの情報を配信するマスコミュニケーション（マスコミ）は不特定多数の人たちを対象にするため、配信される情報から自分達にとって必要なもの、または危険なものであるかを判断することの難しさは、多くの人が感じているのではないでしょうか。

沢山ある危険要因から危険状態になる可能性が高い危険要因を認識することの難しさは雑音（有害な電磁波）の中から信号を認識する難しさとも似ています。雑音は、〝受信する目的外の無効な信号である〟と定義することもできます。一つの通信系において、受信の相手から送られてくる信号は有効ですが、他から送られてくる信号は無効であり雑音として扱われます。信号は、信号波の体裁を備えている一方、雑音は不規則な波となっているとの考え方もありますが、通信統計理論においては、信号か雑音かは、信号の体裁では区別していません。信号も雑音も単なる統計現象にすぎず、数学的取扱において、両者を区別する必要はないからです。信号か雑音かは、あくまでそれを受ける側にとって有効か無効かで判断します。そして信号か雑音かの切り分けは、通常は、周波数の相異、レベルの相異、または波形の相異など、あらかじめ受信側が得ている信号の情報源の特質を利用します。ただ、雑音は相関の状態を変えて予測不能にする問題もあります[(2)]。

このように、信号と雑音は相反するものではなく、単に、使う目的によって区別されるだけのものであり、危険状態になる可能性のある危険要因を認識することと、雑音の中から信号を抽出するために信号の特質を理解することは、危険要因の特質を理解することと共通性があるのです。

雑音から信号を抽出する技術を活用して、危険要因に特定の信号を与え、その反応から危険要因を認識する手段があります。この認識手段は、対象としての危険要因の状態を乱すこと、また認識に使うためのテスト信号源を必要としますが、危険要因の微少な状態変化や特質を把握するには有効な手段です。たとえば建物の構造物では、ハンマーなどで特定の振動（テスト信号）を与えて、そこから得られる音（出力）から、材料の劣化や接続箇所の緩みがないか、または取り付けられた部品類が外れかかっていないかなど、危険状態の診断方法として実用化されています。

過去に起きた事故での原因を見つけ、是正処置を行うことは、更なる事故や被害を防止する上では、有効な

手段です。国際的な品質システムの規格では、事故が起きたときの対応として、是正処置手順を実施することを要求しています。要求内容としては、苦情から生じたものを含め、不適合が発生した場合、組織は、その不適合によって起こった結果に対処し、その不適合が再発しないよう原因を除去し、必要な処置を実施、取った全ての是正処置の有効性をレビュー、必要な場合には、計画の策定段階で決定したリスク及び機会を更新、品質マネジメントシステムの変更を行うというものです。また是正処置は、検出された不適合のもつ影響に応じたものでなければならず、組織は、不適合の性質及びそれに対してとった処置や是正処置の結果を示す証拠として、文書化した情報を保持しなければなりません[3]。

〝失敗は成功の元〟という格言は、まさに、〝失敗した経験が、その後の活動における危険要因を認識する能力になる〟と考えればよいでしょう。競争力の高い製品を提供する企業は、客先からのクレームはもとより、社内での不適合についても、過去からの情報を蓄積、有効に活用することで、危険要因を認識し、その結果として競合他社よりも高い製品品質を確保しているわけです。

3.2　「気づき」のためのさまざまな技術

事故や被害を未然に防ぐためには、危険状態をできるだけ早く検知することが必要です。危険要因が認識できている場合、危険状態を検知するには危険要因を定期的に調べる、いわゆる定期診断が有効です。工業分野で特に安全性を要求されるシステムでは、制御システムを定期的に診断し、異常が発見されるとそのシステムを停止させ、残りのシステムで制御を継続する手法がとられています。これによりシステムを停止させることなく危険状態の修復が可能になります。可燃性物質を扱う化学工場であれば、工場内の可燃性気体や液体が周囲に規定値以上漏れていないか、また換気が停止していないかなど、周囲の環境が危険状態にあるかどうかを常に監視しています。また、それだけでなく、周囲で使用している機器が点火源にならない、すなわち防爆機器に限定されているかなど、工場が安全な状況下にあるよう気を配っています。このように危険要因を監視することで、危険状態になった際は、速やかに警報を出すなど、事故につながる前に何らかの対策をとることが可能となります。

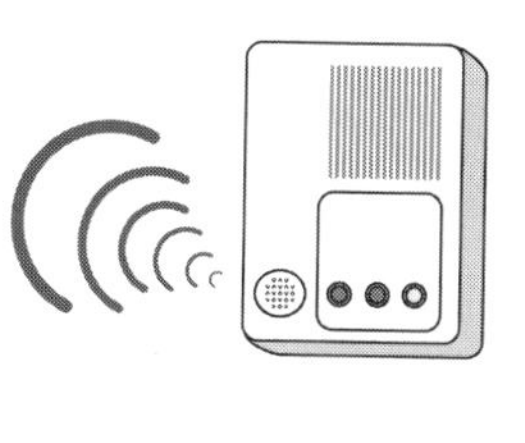

危険要因が認識できていたとしても、その危険状態を直接検知することが難しいものも多くあります。このような場合は、危険要因が危険状態になるための引き金となる媒介物や、危険状態になる際に生成されるものなどを観測する間接的検知方法が用いられます。

工業分野で大きな電気エネルギーを使う制御機器では、電源が接続される端子や配線箇所が多数あります。これらが一部劣化して絶縁不良になると、感電や火災の事故につながる危険状態になります。このような絶縁不良箇所全てを常時監視することは難しいので、電流の往きと復りの差違（漏洩電流）を測定します。この値が規定値以上の場合、制御機器内のどこかが絶縁不良状態にあると判断し、機器へ供給する電源を遮断し、絶縁不良箇所を検知する作業に入ります。

空港でのセキュリティチェックにおいて、チェックインされた荷物の中の危険物の発見に関しては、チェックインした乗客の中で出発までに搭乗しない客がいた場合、荷物を全て下ろし、乗客も降ろして自分の荷物を確認させます。この場合、持ち主が現れない荷物があることは危険状態にあるとされます。爆弾などの危険物を荷物の中に紛れ込ませる犯行を直接検知することは難しいので、このような間接的な検知方法がとられます。乗客が再度、自分の荷物を確認させられる作業や飛行機の遅れなどが生じますが、飛行機事故の被害の大きさには代えられません[4]。

医療分野における間接的検知方法の一つとして、ガン細胞や、免疫細胞などによって生成されガン細胞に対して働きかける特殊なタンパク質（腫瘍マーカ）を検査する腫瘍マーカ検査方法があります。検査のために手術などで体中を調べることは簡単にはできません。この方法は検査自体が簡便であり、検査精度も比較的高く、ガンという危険要因が増殖して危険状態になりつつあるかを検知する有効な検査手段として広く使われています。また最近ではガンの持つ匂いに着目し線虫や犬による尿の臭診も話題になり、更に検査手段は増えていくことでしょう。

工場など生産現場での作業や交通機関の運転手に対しては、危険状態を検知するための様々な工夫がなされています。その一つが、事故に至る前の、ちょっとしたミス（ヒヤリハットミス）を、危険要因が危険状態になる前兆として捉えようとする試みです。重大事故は何の前触れもなく突然起こるのではなく、その背後にはヒヤリハットミスという小規模なエラーが潜んでいると言われています。これはハインリッヒの法則と呼ばれる経験則であり、１件の重大事故の背後には、29件の小規模な事故と３００件程度のヒヤリハットエラーが存在するというものです。事故は様々な要素が不幸な形でつながった時に起こります。これは事故の連鎖と言われ、多くの些細なエラーの積み重ねにより、重大な事故が発生するというものです。事故を起こさないためには、事故の連鎖が不可避点を越えないような努力をすることが必要なのです。(5)

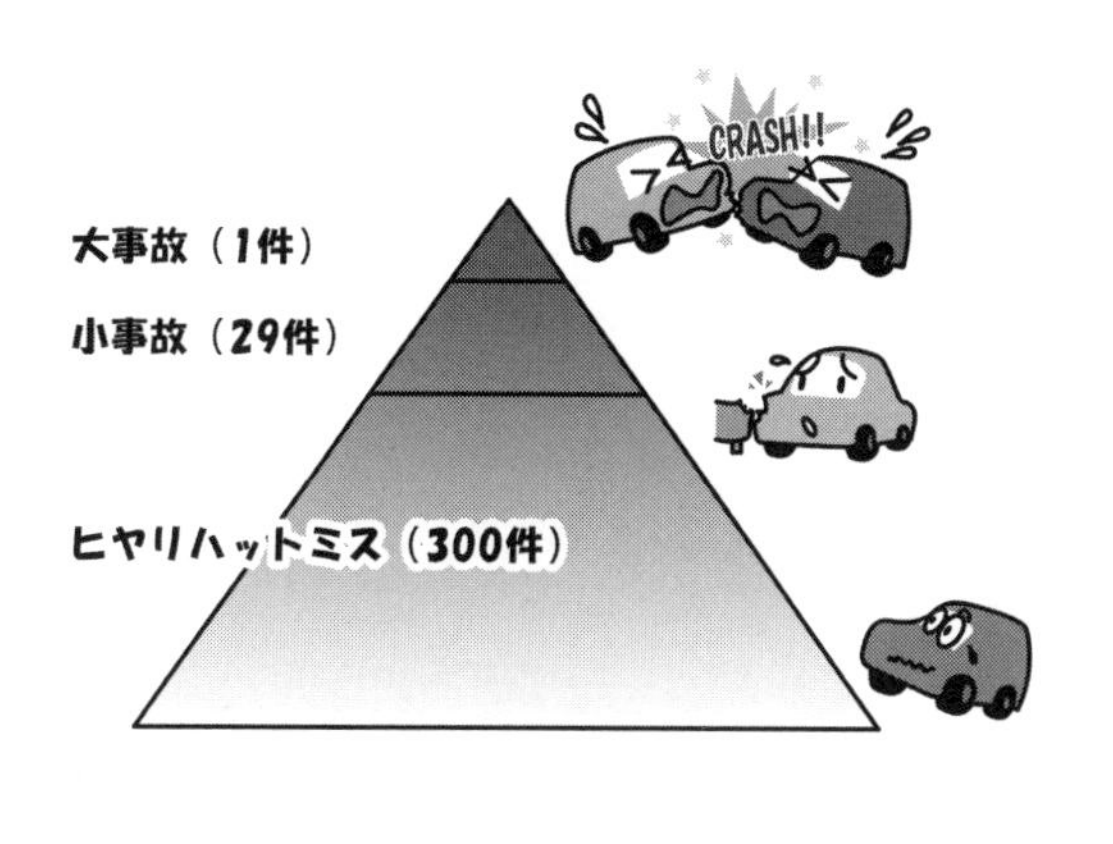

この考え方をもとに、ヒューマン・エラーが問題になるソフトウェアの開発、設計工程では、プログラムのデバッグ作業を通じて、小さなバグを含めたバグ発見度合いから、重大なプログラムバグという危険状態を検知するなどの試みがされています。

危険要因が十分に認識、理解されていないときは、危険状態をどのように検知するのでしょうか。正常な状態や安全な状態があらかじめ分かっているときは、それから外れた状態を危険な状態として検知する方法があります。プラントの制御や自動車の走行制御などでも、いつもと状態が異なるということで、危険状態を検知しています。化学工場におけるプラントの内部温度や機械の運転では、温度や動作周期などがほぼ一定です。この値が、予想した値より大きな変化を示した場合は、何らかの異常が発生したと検知します。例えば化学反応を制御するプラントでは、温度、圧力、流量などのプロセスパラメータが、あらかじめ計算された範囲外にある場合は、危険状態としてプラントの運転を停止するなどの安全対策につなげます。

また、電車やバスなどの公共の乗り物の運転手の居眠りは大事故につながります。居眠りは単に運転手のアルコール過飲や過労、睡眠不足の他にも、脳疾患などの病気が原因になることもあるかもしれません。航海する船の操縦士の場合は、一定の周期でスイッチを押すことを操作の一つに位置付けることで、この操作を忘れた際は警告が発せられるという仕組みの機器が、〝居眠り検知器〟として実用化されています。船の場合、通常航海する上での必要な操作が少ないためにこの方法は有効な検知方法かもしれませんが、常にハンドルなどの操作が必要な自動車には適用するのは難しいかもしれません。

最近の自動車は、前方に何らかの障害物を検知した場合は危険状態として、ブレーキをかける機能が装備されています。これは通常走行中は運転手が障害物をよけるので、居眠りなどしない限りは、前方には障害物がないことが前提にあります。そのうち通常運転時の操作を機械に覚えさせ、そこから外れたときは居眠りしていると検知することで警告を発するような機能が標準として設けられることでしょう。将来的には、このような居眠りを検知すると自動的に自動運転へ切り替えるなどの自動運転機能として取り込まれていくかもしれません。

安全な状態が前もって定められないときの危険状態の場合でも検知する方法としては、〝通常〟とは異なった状態を危険状態とする考え方があります。この場合、通常状態とはどういう状態かという問題も生じますが、とりあえず、ここでは、通常状態として、時間的に安定した状態と空間的に広く占める状態を取り上げてみます。

一つは、時間的に安定した状態、すなわち変化がない状態は正常、変化があれば異常すなわち危険状態とする考え方です。例えば、化学工場におけるプラントの内部温度や機械の動作周期などは、正常に動作しているときは変化がないものとして扱われます。ただ、通常とは異なる状態が危険な状態だとすれば、安全であることは通常状態、または安定な状態であることになります。ウェルズ大学のエドワード・ハレット・カーの著書「平和の条件」の中で、彼は、「安全な状態というのは、絶え間のない前進である」と記しています。ここでは、「世

の中で人間の到達しうる唯一の安定は、「コマもしくは自転車の持つ安定である」ということになります。このようなことも考えれば、通常と異なる状態とは、近い将来を予測できない状態と考えるべきでしょう。先が全く見えない状態は危険状態と考えるべきなのかもしれません。

もう一つの通常状態である空間的に広く占める状態とは、数多くある状態の中での多数派を正常状態とし、少数部分の状態を危険状態とする考え方です。定量データをもとに運転される化学工場などにおいては、プラントに動作しているかどうかを内部温度を把握する温度計の動きで判断しています。この場合、同じ箇所を3台以上の複数の温度センサで測り、これら温度計の測定結果が異なった場合、数が少ない方の温度センサを異常と見なし、数が多い方のセンサの値を採用します。もちろん、この場合、すべての温度計は同一条件のもとに設置されているなどの前提条件が必要です。厳密にはこのような複数の機器を使用する際は、同じ原因で故障が同時に起こる可能性が十分に低いことを確認しておくことが必要です。

また、群衆の中で周囲の動きと異なる動きをする人は危険な人（罪を犯そうとする人、自殺をしそうな人など）として検知する方法に使われることもあるそうです。またことわざにも〝出る杭は打たれる〟というように、少数派は危険状態になる可能性が大きい危険要因として目を付けられるようです。ただ、この考え方は、どちらかといえば〝右に倣え〟式の考え方であり、昔の日本における戦時中のときなどの上意下達的な考え方や、独裁的な社会を想像しやすく、この考え方に抵抗を感じる人も少なくないのではないでしょうか。この手法で検知した後は、更により精密な方法で本当に異常ないしは危険な状態であるかの調査や分析が必要です。

また私たちが定期健康診断をした際の検査結果として表される健康状態も、数多くある状態の中の少数部分の状態を危険状態としているようです。血液を採取して各種センサで測った指標値などに対して、多数の人を対象に測って求めた指標値の標準範囲内に入っていると健康状態として扱われますが、標準範囲から大きく外れている場合は何らかの異常があるとして再度精密検査を受けるか、または何らかの改善対応を指導されます。

3･3　私たちの「目」となり「耳」となるもの～センサの活用～

センサを使って危険状態を検知する最近の技術には目覚ましいものがあります。センサというと、家庭内機器の冷蔵庫や空調機の温度調節を行う温度センサ、加湿器や除湿器で用いられている湿度センサなどを思い浮かべるかもしれません。センサの種類はとても多く、私たちの周りには沢山使われています。日常生活で自動化、節電、効率化を目的として、人に代わって仕事をしてくれるものには、必ずと言ってよいほど、センサが使われています。もちろん、人の五感（視覚・聴覚・嗅覚・味覚・触覚）も立派なセンサです。

センサの使われている範囲も広く、数に至っては、数十兆個とも言われています。センサの定義も多岐に渡り、使用方法や目的に沿って呼び方も種々あります。例えば、トランスデューサや変換器も同じ意味で使われます。また「センサ」と「センサー」の両方の表現も見られます。学術用語ではセンサと定められているので学会論文ではセンサに統一されているようですが、学会誌や新聞ではセンサーが多いようです。センサに要求される機能は大きく分けて、①異常状態の検出、予測、②一点の状態より多次元状態の認識、③信号変換より感性の代替、不可視状態の可視化などに集約することができると言われています[6]。

本書では、センサという表現を使うことにします。また、ここでのセンサの定義を、単純化し、広くとらえることで、〝状態の変化を検知するもの〟とします。一つの基準を定めた場合、変化は、この基準と同じ物であれば変化なし、異なれば変化ありとします。どの程度の変化を〝あり〟として検知するかはセンサの種類と対象によって異なります。また、状態の変化は空間的に、また時間的にも生じます。

センサは、人の五感を代替し、その機能の拡張、発展を意図して作られたものですが、今では、人より遥かに優れた感度で検知することができます。例えば、人には感じることができない超音波などの波動や、可視光以外の赤外線や紫外線、電界、磁界などをも検知することができます。また人には見えない程早い変化や微少な変化、極端に遅い変化なども検知することができます。

センサの感度は、センサの種類、検知方法によって異なりますが、いわゆる高感度センサというものは、人間の五感では到底検出できないような微少変化分を検知するものを称します。このためセンサにより捉えられた変化は、通常、信号と雑音（ノイズ）が混在しています。このため最近のセンサには、雑音を除去して信号を検知するためのフィルタリング機能を組み込むことで、雑音に埋もれた信号を抽出する機能を有しているものも多くあります。

このセンサの特長を、危険状態の検知に活用することで、危険状態を早く、正確に検知することが可能になります。自動車などの塗装工程では、可燃性の塗料が使われています。また多くの化学プラントなどでも可燃性ガスが使われています。このガスが点火しないようにするには、高温のものが近づかないように、また空気が入ってこないように、温度センサ、酸素センサ等が危険状態を検知する道具として使用されています。センサにより危険状態を早く検知することで、被害が大きくなる前に安全対策を講じることが可能になるのです。

早期に危険状態を検知するための技術は、以前から研究、開発されています。身近な例として火事を考えてみましょう。火事は大きな被害をもたらします。でも火事を早期に検出すれば消火が可能です。火事になる前の火炎を検知するために火炎センサがあります。火事が起こる際には発熱と煙と火炎があります。そのため、急激な温度上昇を検出して警報を発するセンサが火災検知器として実用化されています。また、煙を光の透過度やイオン電流の変化を利用して検出する方式もあります。

火災を早期に発見しようとしてセンサの感度を上げると誤報を出すことが多くなります。たとえば、煙を検知するセンサは、煙草や調理による煙を誤って検出することがあります。以前は、煙草の煙で煙感知器が誤動作するなどのトラブルがあったため、病院のように禁煙場所にしか設置できないといわれていました。最近の公共の場所では殆どが禁煙場所になっていることから、設置可能場所は広がっています。公共の建物はもちろん、最近ではマンションや一戸建ての建物にも天井などに取り付けられています。

また、火災は発熱発煙や火炎を伴う複合的な現象であるのに、煙を検知するという一つの特徴のみを取り上げてモデル化して感度を上げると、誤報を発しやすくなる、という見方もあります。誤報を発せずに早期に火災を検出するために、複数の現象を組み合わせたセンサも開発されましたが、コストが問題です。一般に異常を検出するセンサは、検出した異常を知らせたり、防止する操作を自動的に行う機能を持っています。一方で、正常状態では直接役に立たないと思われがちで、十分なコストをかけられません。しかし、異常時には確実に動作する信頼性が要求されます。よく知られているこの種の安全対策としてスプリンクラーと呼ばれる装置があります。これは天井につけた温度センサのフューズが溶断すると水が放出されることで消火器を兼ねている検知方式です。フューズ溶断という非可逆現象を使用して故障を回避することで、低コストと高信頼性とを両立させています。ただ、この方式は正常時に機能をテストできないという弱点もあります[(4)]。

このようにセンサは危険状態を検知する上での強力な道具になりますが、その分、危険要因と考えられるものの種類分だけセンサが必要になります。日頃の生活の中には危険要因自体が沢山あるので、危険状態を正確に検知するためには多数のセンサを設置することが必要になります。最近では、安全のためや機械を効率よく使うために、様々な機器にセンサが組み込まれています。特に、エネルギーが大きく、その動作を正常動作範囲内に制御することが必要な装置の殆ど全てに、センサが取り付けられています。ただ、センサを使用する際、特に危険状態の検知に使用する際は、いくつかの点に留意することが必要です。

先ず、センサ自体には危険状態がどういうものであるかは分かりません。センサからの信号と危険状態を関連づけるのはセンサの使用者が決めることになります。特に、複数の危険要因が重なって危険状態になる場合は、それら複数要因と危険状態の因果関係を定めることが必要になります。

次に、センサが設置される場所は、通常多くは、複数箇所にまたがり、かつ、危険で厳しい周囲環境にあります。危険状態になったときは、センサも無事とはいえません。実際に事故が起きたときには、センサが故障

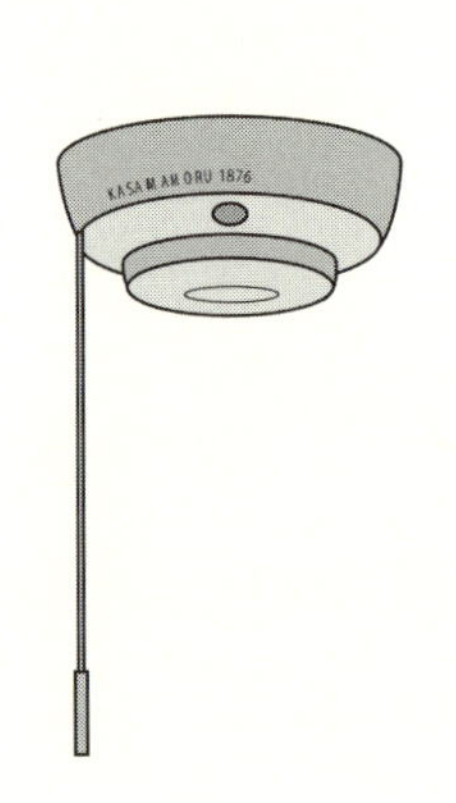

ないし破損することも多々あります。例え、破損にまで至らなくても、センサがその入出力性能を維持できず、当初設定した危険状態とセンサの出力が異なってしまう場合もあるのです。加えて、センサは、常時は動作せず、非常時、すなわち危険状態になったときにだけ動作するものもあります。正常に動作するかどうかが、危険状態にならないと正確には確認できないこともあるのです。

また、センサは、それ自身が危険要因になってはなりません。たとえば、可燃性ガスの中に設置されるセンサは、それ自身が点火源になってはならないのです。可燃性ガスの有無を検知する多くのセンサは、点火源にならないように設計、認定された防爆構造を有しています。

高い信頼性のあるセンサの中には、自らの破損を引き金に、危険要因に対し危険状態を検知する重要な情報を提供するものがあります。センサが正常な機能を果たさなくなってしまったのなら、それはセンサを破損させるに足る危険な状態になった可能性が大きいからです。生ける仲達を走らせた孔明さながらに、センサも転んでもただでは起きないのです。もちろん、このようなことができるのは、センサの信頼性が高いことに加え、センサが正常に動作できる環境が明確になっていることが必要なことは、いうまでもありません。これらの留意点を考慮して、大きな事故、被害が想定される状況では、複数のセンサを組合せる多重化方式が用いられます。各センサが共通原因により故障するのを避けるために、単に同じセンサを複数用いるのではなく、互いに独立性を有したセンサを選定することが必要になります。

3・4 「前ぶれ」に気づく～危険状態になる兆候の検知～

危険要因が近い将来危険状態になりそうか調べ、必要に応じて修復などの対策をとることを診断（診て断をくだす）といいます。実際の診断には大きく分けて、定期的に行う定期診断と、異常が発見されたときに実施する異常診断があります。体の健康を維持するために実施する定期健診や車の12ヶ月点検などは、前者に該当します。体調が悪かったり痛みがあるときの診断、車の調子が悪いときにみてもらったりするのは、後者に該当します。一般的には、異常を検知してからの診断の方が、診断精度は高いのですが、既に危険状態になっていることが多く、緊急の安全対策が必要になったり、場合によっては安全対策の実施が難しいときもあります。これに対し、前者では、危険状態の前兆を見つけることができます。

特に、安全を司る安全機器は、正常時は機能せず、危険状態になったとき、その安全機能を動作させることから、安全機器自体の動作異常を防がなくてはなりません。このため、この種の機器は、正常時においても常に、機器自体に異常がないか確認する自己診断機能を有しているものが多くあります。診断の結果、異常が発見されたら、修復作業をしておくことが、高い安全性能を維持するためには必要です。私たちが、災害に備えて、防災訓練をする中で、非常用機器を点検したり、不良機器などの危険な状態を見つけて修復するなども、この考え方に沿ったものです。また、準備している安全対策がどのような危険要因に対して、どのような危険状態に対応できるものなのか、再確認できることも、定期診断の大きな目的の一つです。

安全システムを構成する安全防護のための機器は、例え、一部が故障してもシステム全体の安全性が確保できるよう、定期診断や、故障してから修復するまでの時間の短縮化などの工夫が図られています。機器を構成する個々の部品の信頼性が高いことの必要性はもちろんですが、それだけでは十分な安全性能は確保できません。安全性能は、単に信頼性の計算だけではなく、機器が故障してから安全機能が喪失するまでの余裕度や対応手段、故障の修復時間などから求められるのです。このため、診断による検出性能、診断を実施する時間間隔は安全性能に大きく影響します[7]。

橋や道路などの設備に対しては、危険状態になってからの修復作業自体が難しいこともあり、定期診断により危険状態になる前に危険状態になりそうな兆候を検知し、修復しています。また、航空機や船などの大形輸送機では、運行状況によって機体の劣化や摩耗などが異なるため、運行中に、この劣化や摩耗の兆候を検出することで、危険状態になる前に危険状態を修復しています。たとえば飛行機においては、飛行機の機体に光ファイバを固定しておき、飛行中の機体の異常な歪みや劣化などを光ファイバの光の透過率に変換して検知する方法が実用化されています。船においては、スクリューの摩耗などに伴う回転むらや振動などが生じないよう定期的にスクリューを診断しています。スクリューは常に潤滑油で浸されていますが、この潤滑油中に含まれる極めて微量な金属を検知することで、初期の摩耗を検知するセンサ技術などが実用化されています。

従来より、装置の異常を予知するための〝異常診断〟では、各種のセンサが用いられてきました。センサによる危険状態の検知は、自動車や生産機械の安全性から火事や泥棒などの災害に対しても、今では、なくてはならない道具となっています。また、機械、特に生産機械や空調機械のような固定型装置、また鉄道やトラックのような輸送機械では、センサを付けて、動作異常を早期に発見、故障予知をすることで、機械の稼働効率を高めている例がたくさんあります。また、センサを海底に設置することで得られる海底の地形情報や海底での波の動き、また海底火山の動向などから、地震の際の津波を予知するためにも活用されています。

ただ、センサ自体は、高分解能、高精度であっても、危険状態と、その前兆である環境因子との間にある因果関係を把握することは容易ではありません。特に、危険予知には、現在はもとより、過去から蓄積されたデータと、これら多数のデータを演算、処理する、高度な処理装置が必要になります。また、センサのデータには、不確定要素や、ノイズを含んでおり、多くの場合、これらの要因による影響の度合いも、明確ではありません。このため、センサからの信号を基に、危険状態を予知するためには、統計的、確率的な判断が必要となります。

〝違いが分かる〟という表現は、以前、テレビなどの宣伝にも使われていましたが、ここで対象とされる人は、物の本質が見える、優れた検知能力を持った人を指しています。この能力は、切磋琢磨して身につける人も多いでしょうが、天性に備わった人も多いかと思います。また、このような特別な能力を、通常の五感と区別して、第六感や第七感と称することもあります。昔から大地震などの災害が発生する前に、動物たちが移動を始めると言われています。特に犬や猫、その他昆虫類などの生物は、天気予報をはじめ、地震などの天災も予知できると言われています。たとえば、昔から「クモが巣をはると、翌日は晴れ」と言われています。この言葉は、

今でも不思議とよくあたる天気予報です。クモは、きまぐれに糸をはって巣を作り始めるわけではなく、何らかの方法で天気を予知し、雨や風がこないのをみはからって巣をはるのでしょう。すでにはってしまった巣を小さくしようとしているときは、すごい風が吹き出す前触れだともいわれています。でも、クモがどんな方法で天気を予知するのか、私たち人間には、未だよくわかっていません。

また、日本ではナマズが暴れるのは地震の前ぶれだという言い伝えがあります。大きな地震の前には犬たちが異常な行動をしたという報告も集められています。これらの生物たちは、人が聞き取れない音や匂いを聞き分けたり、人には見えない大気の流れなどを嗅ぎ分けたりすることで、通常とは違う状態を検知し、危険状態の前兆を察知する能力を有しているのかもしれません[8]。

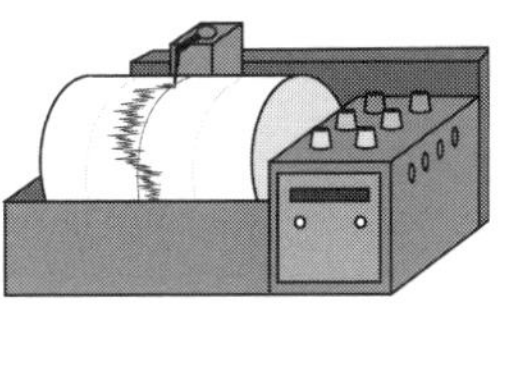

人も以前はこのような感覚能力を有していたかもしれません。感覚は元来、生き物が生きていく上で必要な外部環境を知るためのシステムであったと考えられます。自分の外界にどのような物質があるかを知るシステ

ム、つまり「感覚」を持つことによって、その物質から、自分にとって必要な材料調達がより効率的になったにちがいないのです。どのような刺激が環境からの情報として適しているかは、生き物がどのような環境に生息しているかに大きく依存します。たとえば、恐竜が繁栄していた頃に夜行性だった祖先のほ乳類には「色の識別」は環境を知るための重要な刺激とならず、色を識別するシステムが失われていったと考えられます。そのかわり、ほ乳類では匂いを識別する仕組みが発達しました。現在でもネズミやウサギなど「におい」を環境からの重要な情報としているほ乳類はたくさんいます。しかし、恐竜が絶滅した後、樹上生活を始めた霊長類には再び「色」を見分ける感覚が戻ってきました(9)。

多くのセンサからのデータに基づいて、危険状態になる前に、その兆候を把握する技術は、事故や被害を未然に防ぐ上で極めて有用ですが、その代償として私たち人間は、危険状態の前兆を察知する感覚能力を退化させているかもしれません。これらの先端の技術と共に、私たち自身でも危険要因を認識し、危険状態に注意を払うことは大切なのではないでしょうか。経験による裏付けなど、私たちは、先ず、自分自身で自分たちの周りの環境を把握し、危険要因を認識し、自身がもつ検知能力を生かして、危険状態になりそうかどうかを判断することも必要なのです。

3・5　すべてを「前もって」知ることはできるのか？

自然環境における、地震や津波、台風、洪水などの危険要因を理解することは難しく、昔から自然災害に対する安全対策は、人類の大きな課題でした。それでも、地震の発生するメカニズム、それによる津波の発生の有無と大きさ、海岸に達する時間などは、以前に比して解明され、発生の予測ができるようになりました。

地震や津波、台風は、その発生を止めたり、大きさを和らげることはできませんが、事前にその発生を予知することで、事前対策ができます。最近の気象観測衛星は、上空からセンサにより得た各種情報を分析して、精度の高い天気予報を知らせます。これにより、台風接近時はもとより、台風として発達する前の気象状況から台風警報を出すこともできるようになりました。実際、最近の人工衛星による気象技術は、以前とは比べものにならないほど正確に台風の進路を予測してくれます。このように、以前は難しかった台風の進路予想が格段に向上したため、台風という危険要因の勢力を弱めたり、進路を変えたりすることは難しくても、台風が上陸する前に、台風が発生したことを検知し警報を発生することで事前の備えなどができるようになったのです。しかしながら、台風の大きさによっては、防波堤を改修、構築するなどの対策が必要になる場合もあります。そのためには、単に台風が発生する前の兆候を検知するだけでなく、将来的な台風の発生状況、その大きさなどを把握できる、危険状態の予知が期待されています。

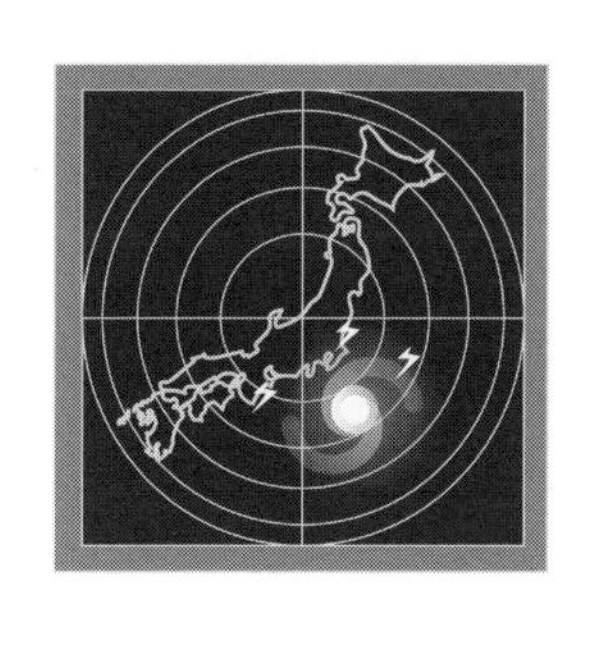

危険状態を予知するためには危険要因を認識し、その特質や動きを理解することが必要です。そしてその危

険要因の特質を捉えることで、危険要因の今後起こり得る状態を予測でき、事前対策も可能になります。危険状態になるには、元となる危険要因に加えて、危険状態に繋がる「引き金」となる複数の危険要因が関係しています。危険要因に影響を与える環境因子（引き金と媒介物）を全て検知することで危険要因の振る舞いが正確に特定でき、その結果、危険予知が可能になります。最近は、コンピューターによる人工知能技術が発展したことで、多数のデータから特定の要因を認識する技術が実用化されています。これら危険要因の特質を把握することで、科学的に前兆としての環境因子を捉えることができれば、その環境因子を検知することで、危険状態が予知可能となります。たとえば、多数の監視カメラのデータを処理することで、群衆の中から特定の人を検知するという技術も開発されています。しかしながら、そこで特定した人が現在危険な人（危険状態）であるか、または近い将来危険な行動を起こす人であるかの判定は難しいのが現状です。

十九世紀の初期に、ラプラスの悪魔という架空の生き物の存在が考えられていました。この生き物は、宇宙の全粒子の、現在の位置と速度という状態を知っているとされます。もしそんな生物が存在すれば、近い将来も、遠い未来も見通せるという考え方です。なぜならば、自然界は、しょせんは莫大な数の素粒子が相互作用している舞台であり、これら自然界の相互作用の仕組みが判明されれば、世の中のあらゆる現象は、先の先まで読めるということになるからです。このような考

え方は、物理学の世界では真面目に考えられていました。ただ、現在の物理学では、「不確定性原理」から、現在の位置と速度という状態を同時に知ることは原理的にできないと結論づけられたこともあり、人類はラプラスの悪魔にはなり得ないということになっています[10]。

実際、現在の最新技術をもってしても、危険状態の発生を正確に予測することは難しいのです。確率論的であれ、決定論的であれ、何らかの統計的な処理をすることで、予測はできるものの、危険要因が、いつ、どこで、どのように危険状態になるか、厳密にかつ特定の時刻までは定められないのが現状です。

現在、センサやモノがネットにつながり、このセンサネットワークが生成する膨大なデータを世界中から収集して解析を行うアイオーティー（ＩｏＴ（Internet of Things））技術が注目されています。この技術をもとに集めたデータの統計的処理により、危険予知と安全対策の技術が期待されています。たとえば重要な社会基盤のインフラ老朽化では保全全体の効率化につながります。エネルギーの監視についても、需要供給の正確な把握をすることでエネルギーの安定供給が実現します[11]。

地球温暖化とは、地球表面の大気や海洋の平均温度が長期的に上昇する現象です。主な危険要因は、大気中に含まれる二酸化炭素などの温室効果ガスであり、これによる気候メカニズムの変化により異常気象が頻発する危険状態になるおそれがあります。自然生態系や生活環境、農業などへの影響も懸念されています。炭酸ガスと地球の温暖化は、長期間の測定、分析によって、その因果関係が明らかになってきました。今では、地球の温暖化が進むことで、地球規模の災害が生じる可能性が高まること、また、地球温暖化に対して、炭酸ガス

（シーオーツー）がその大きな要因の一つとなっていることは、多くの人達が認識しています。このように、一つの危険要因を長期間にわたって観測することで、危険要因と危険状態との因果関係を見つけることができるのです。

私たちが探しものをするとき、手に持っているのに、一生懸命に探したりすることがよくあります。目にはいっても見えない、見えていても気づかないということがあるということです。これは、人がものを認識するときは、頭の中のイメージを実物に重ねて、合っているかどうかを調べるということなのでしょう。頭の中に描いているイメージが実物と違えば、認識できないということだと考えられています。逆にイメージの形が偶然的に変わったり、意識的に違ったイメージを作りなおしたりするうちに、ぱったり実物とそっくり同じものにであうこともあります。このようなときは、〝怪我の功名〟と言われるときかもしれませんが、偶然新しいイメージに突き当たる機会が与えられると考えるのがよいかもしれません。そして、何か珍しいものが一つ発見されると、同じ種類のものがそれから続々発見されるということは、よくあることです。なにごとにも、最初のうちは見つけるのにずいぶん苦労をしますが、一度見つかってしまうと、後はすぐに見つかるというのは、よくいわれることです。コロンブスの卵というのも、それに似たことかもしれません。世の中には、見えるものと見えないものがあります。見えないものを見えるものにすることも大切ですが、見えても気づかないものを見つけることも同じように大切なのではないでしょうか[12]。

大きな危険状態が予知できたとしても、それによる安全対策に痛みを伴う場合、私たちは見ないようにしていることがあります。先の地球温暖化に伴うエネルギー排出抑制もその一つではないでしょうか。危険状態の予知とは、ある意味、見えても見つからない危険要因と危険状態の因果関係を共通の認識にする技術といえるかもしれません。

いわゆる学習機能を用いて必要な情報を見つけ出すインテリジェント型検知手段は、人工知能とも呼ばれています。たとえば、健康診断のデータを人工知能で解析して病気の予防などにつなげることや、レストラン経営戦略上、どの地域に出店すればよいかなどの目安に活用されています。今後、センサと人工知能を組み合わせて、多数の時間的、空間的データをビッグデータとして処理することで、必要な情報を見つけ出す技術は益々発展していくと考えられます。たとえ決定論的な厳密さまでは得られないまでも、多数の危険要因の特質を把握し、科学的に統計的に処理することで、近い将来、危険要因が危険状態になるかどうかをかなりの精度で事前に予測できるようになるかもしれません。

このように事故や被害を未然に防ぐためには、危険要因を認識し、それが危険状態になる時期をできるだけ早く検知し、可能であればその前兆をとらえて、安全対策を講じることが必要です。

しかしながら、危険要因を認識しても、それがいつ、また本当に危険状態になるかは正確には分かりません。危険要因と認識されたものでも、必ずしも危険状態になるとは限らないのです。

次章では、危険要因が危険状態にならないようにするための安全対策について紹介します。

第4章

危険要因との共存

第4章　危険要因との共存

前章では危険要因の認識と危険状態の検知方法について、最近のセンサ技術と合わせて紹介しました。事故や被害を未然に防ぐためには、早い段階での危険状態の検知が必要になります

しかしながら危険要因の認識と危険状態の検知は、必ずしも簡単ではありません。また認識したとしても、その危険要因が危険状態になるときは明確とはかぎらないのです。この章では、安全性を確保するためには、先ず危険要因が危険状態にならないようにする対策が必要であるとの観点から、本質的な安全対策に先立って検討すべき対策を提案します。そのために、危険要因を理解することの大切さにも言及します。ただ、工業分野では比較的危険要因が理解されているので、本章では危険要因を理解することの必要性について、工業分野以外の例も多く取り上げて紹介します。

4・1　危険要因を完全に取り除くことはできるのか？

はじめに、工業分野における化学工場での流体を制御する工程を取り上げます。この工程では可燃性物質などの危険性の高い危険要因がパイプ内を流れています。パイプ内の可燃性物質がパイプの外に漏れたり、またパイプ内に空気が流入したりして空気中の酸素に触れると爆発が生じ、大きな事故に発展する可能性があります。このため、この流体を制御する工程は危険要因として認識すべきです。可燃性物質がパイプ外に漏れないこと、バルブ故障などによって逆流しないように運転することで、危険状態にならないようにしています。工

程自体は危険要因ですが、制御機器が設定どおり動作している場合は危険状態ではありません。

同様に機械工場での加工工程では、各種金属などの材料が、工作機械により切断や切削されています。加工ツールと材料の整合がとれていない場合は、ツールや材料が破損したり飛び散ったりして作業者が負傷する可能性がありますが、機械が動作中のみ加工部分をカバーで覆うという条件で運転していれば危険状態ではありません。

コンピュータをはじめとするシステムがダウンした際は、人間社会が混乱します。このようなシステムを動かすプログラムは大きな危険要因です。プログラムのバグや操作ミスなど、人為的ミスは潜在的危険要因になります。

しかしコンピュータプログラムは危険要因かもしれませんが、すぐに危険状態になるとは限りません。

身近な危険要因の例である自動車も通常は、危険状態にはありません。このように、人間が生み出した種々の産業機械やコンピュータシステム、また移動手段など、私たちの生活になくてはならない危険要因はたくさんありますが、これらは通常は危険状態ではないのです。

危険要因の認識は、安全か危険かの線引きが難しいことに加え、そこに遭遇する人達や環境によって変わりますので認識するのは簡単ではありません。信号と雑音のように、そのときの状況ごとに危険要因であるかどうかを認識しなくてはなりません。その意味では、全てのものが危険要因になり得ると考えるべきかもしれません。

多くの人は、「安全か？危険か？」と、この二つしかないように言いますが、大事故を頻繁に起こす状態から、まれに故障を起こす状態まで広い範囲にわたり、危険には程度があるのです。大きな事故はある日突然発生したかのように見えますが、子細に分析すると、その原因はもともと潜んでいて、それがたまたまある引き金的事象に誘発されて表面化し事故に発展するものなのです[1]。

しかも安全な状態から危険な状態に移行する段階には、通常、いくつもの中間的段階、ないしは危険状態に移行させる他の危険要因の存在があります。たとえば、危険要因が制御されていない状態、ないしは危険要因が想定外の変化をしたときは、危険状態と考えられます。しかも、危険要因の時間的変化の速度、制御されているかどうかなどについても、危険状態がどの程度の時間的変化まで安全と見なされるか、また許容される範囲はどこまでかなど、実際に線引きすることは難しいのです。

身近な例では、健康に関する、血圧、コレステロール値、血糖値があります。これらの値は血液を採取する

だけの検査で、脳疾患や心疾患の危険状態を推測できることから参考値として広く利用されています。しかしながら、ここでも危険要因が正常と見なされる線引きは難しいと言われています。たとえば最大血圧（いわゆる「上の血圧」）の正常範囲は、１４０〜１００だということ（単位は圧の強さを水銀柱の高さで表現し、ミリメートル単位で表したもの）です。これは、健康人（正確には、一見健康そうに見える人）の大多数の最大血圧は１４０〜１００のあいだにはいるということなのです。「正常範囲」の決め方は、ある検査項目について「このぐらいの数値なら正常と考えてよかろう」という目安なのです[2]。

この正常範囲の目安には危険要因と危険状態である心疾患との関係はあるものの、正常か異常かの判定基準は、あくまで平均値的なものであり、実際には人それぞれによって基準は異なるとも言われています。例えば、〝コレステロール〟は動脈硬化やそれに伴う心臓疾患、脳疾患の危険要因と考えられていますが、このコレステロールも、人にはなくてはならない必要物質であり、その必要量も人によって異なると言われています。問題は、内臓脂肪や塩分の取り過ぎなどにより起こる高血圧などと絡むことで危険要因となるのです。

私たちは、日頃このような曖昧な状態で定義される危険要因と一緒にいるのです。危険要因が危険状態になりつつあるか、もしくは危険要因であることすら知らないでいる人は多いかもしれません。大切なことは、私たちは、常に危険要因と一緒にいるのだということ

を認識することです。

好んで危険状態に近づく人もいます。危険状態に近い危険要因に接触することは、それによって得られる利益が大きい、いわゆるハイリスク／ハイリターンと考えている人達も多いようです。好んで危険状態に近づく人はもちろん、危険要因に接触する機会が多い人は、通常、危険要因の性質を調べ、事前の安全対策をしていきます。山登りのベテランは山に登る際、周到な準備をしていくことで山に登ることを楽しんでいます。このように、危険要因を認識し、その現状を知り動向を知る（理解する）ことで、危険要因は、私たちの生活を充実させるものにもなるのです。そして、そのように認識し、理解するためには、危険要因からも私たちが仲間として認めてもらえるよう上手に付き合うことが必要なのではないでしょうか。

4・2　危険要因と上手に付き合う

生産工場などで使用される危険な生産機械には、通常、各種の安全機能が設けられています。それでも、機械を使用するには、原則、使用上の訓練を受けた人以外は、機械の操作はもちろん、機械と同じ場所で作業をすることも禁止されます。機械の操舵以外にも、機械の危険な箇所、安全機能の特性などについて訓練された人が使用することで、人と機械は生産現場で一緒に働くことができるのです。

私たちの周りにはプラスチックでできた材料が沢山使われています。この生活に不可欠な材料は、主に化学工場で生産されています。このような化学工場には、常時毒性や可燃性の物質があり、これらの危険要因の近くでの作業も必要なのです。そのため、この危険要因の特性をもとに、どの程度の温度、どの程度の濃度で可燃性物質が点火するかを事前に解析しているため、このような危険状態の環境でも、その条件を満たした機器を使用するなどの前提条件で作業が行われているのです。同時に、このような危険な環境で作業をする人は、危険要因と一緒に仕事をしているという気持ちを持つことが大切なのです。

先の例にもあるように自動車は歩行者にとっては危険要因かもしれませんが、交通法規を遵守して走行している自動車は危険状態ではありません。しかしながら、交通信号を無視したり、または、狭く、見通しの悪い道路で、速度を落とさずに（ときに、制限速度を超えて）走行する自動車は危険状態にあります。それでも、自動車を運転する人は、運転免許の取得、更新時には、自動車の性能、構造や運転規則を学び、また歩行者も、学校や職場での交通安全講習会などで、ある程度の車のしくみや運転規則を理解することで、事故を減らすよう計画されています。運転手同士、また運転手と歩行者が互いの動きを理解することで、交通事故が生じないよう上手に付き合っているのです。

通常人に見えない細菌やヴィールスは、感染症を引き起こす危険要因です。この通常は見えない危険要因は、感染して症状が出てからでないと、その存在が認識できないため、対応を遅くしてしまうのです。それでも、医療技術の進歩により、例えばインフルエンザでは、その流行時期が予測され、適切な時期の予防接種の対応が可能になりました。細菌やヴィールスは、危険要因かもしれませんが、体に侵入して体内の細胞に感染しなければ、危険状態にはなりません。感染することで体温が上がるという体の仕組みにより、体温を計ることで、感染したという危険状態を検知できます。また、私たちの体内、特に腸にいる細菌は、私たちが健康で過ごせることに寄与していると言われていますす。このことから、私たちは、細菌やヴィールスとも、ある意味、上手に付き合っていると言えるかもしれません。

自然は、人々に多大な被害をもたらしてきましたが、同時に人々に多大な貢献もしてきました。台風による雨は、私たちに豊富な水資源を提供してくれます。川の氾濫は、肥沃な土地をも供給してくれるのです。人々は、自然を恐れてきましたが、自然を敬ってもきました。

東洋的な考えでは、自然は、あるときはこわい父親でもあり、あるときはやさしい母親のような存在として、自然と一体になって生きてきたのです。自然災害そのものを防止することはできなくても、自然を理解することで、自然の動きに人々の生活を合わせていく考え方が主流でした。自然が猛威をふるっているときは、外に出ることを控えるなど、できるだけ被害を小さくするよう、安全防護策をとりながら、自然と一緒に生きてきたのです。東洋においては、「自然と一体となる思想」にもとづき、人間が自然にしたがうべきだと考えられてきたのです。

しかしながら文明が発達し、人々は自然を利用しやすいように改造してきました。特に、西洋における自然

観は、「自然と対立する思想」に基づいて、基本的に、自然が人間に従うべきだと考えられてきました。そうした東洋と西洋の思想の相違の根底には、ある程度、双方の風土や気候の違いがあるかもしれません[3]。

こうしたことから、我が国においても、工業化が国の成長のために必要であるという考えから、積極的に自然を改造してきました。その結果、環境汚染という問題も生じてきたのです。

環境汚染などのような潜在的危険要因は、それが危険状態になってから、場合によると被害が生じてから、認識されることが多いのです。足尾銅山による渡良瀬川の鉱毒被害や水俣湾における水俣病の被害などの環境汚染の公害にしても、潜在的危険要因があること自体、一部の人以外には認識されていなかったのではないでしょうか。ましてや、その被害者である住民の多くは、認識していなかったと思われます。また、危険要因であることを知っていた人も、それがどの程度環境を汚染していくか、そして、その結果、ここまで大きな問題になることを認識できていなかったかもしれません。知らないということは、深刻な危険状態と大きな被害を生じさせる可能性があるのです。

製造現場では人によるミスは個人差もあると言われますが、単に気を付けるだけまたはチェックリストなどによる対応だけでは解決しないことはよく知られています。そのため、この種の問題に対する地道な安全活動が不可欠です。現場で潜在的な危険を認識し、関わる人すべてにまで安全に対する潜在能力を高めていかなければ、安全性の向上につながらないのです。ヒューマン・エラーへの対処は、個人の努力や力のみでは実現は不可能です。みんなの力で実現していくべきものなのです。エラーの性質としては、予測しにくく、突発性、突然性があり、また社会生活、日常生活のいたるところに潜んでいて、人間の心の隙に遠慮なく入り込んで来ます。そして人間の記憶は時間とともに薄れていき、エラーや事故はいつか忘れられてしまいます。エラーと戦うのではなく、〝うまく付き合っていく〟のが最良の方法ではないのでしょうか。エラーを隠すのではなく、またエラーをした部下をしかるのではなく、エラーを教訓として、また組織の知識（財産）として、これが大きな事故や不祥事につながらないように糧とする姿勢が大切なのです。ヒューマン・エラーの科学は、究極には「人間をより深く理解すること」であると考えられます。人間が存在する限り、エラーはなくなりません。私たちはエラーをゼロにしようとするのではなく、エラーとうまく付き合っていかねばならないのです[4]。

この種の潜在的危険要因を理解するためにも、過去のトラブルの事例について、ニアミスも含めて調査、整理することが必要になります。最近は、人為的ミスを人間工学の観点から改善しようとする取り組みが常態化し、安全規制にも、人間工学的な観点で設計することが要求されるようになりました。ここでの基本的な考え方も、ミスは悪いもの、人がミスを犯さないよう図るのではなく、ミスは人にはつきものであるとの前提のもと、ミスと付き合っていこうという考え方です。改善すべきは、ミスという危険要因があっても、それが危険状態に至らないようミスを理解することなのです。危険要因と上手に暮らすためには、積極的に危険要因を知り、そして理解しようとする心構えが必要です。

4・3　上手に付き合うための前提条件

危険要因と上手に付き合うには、危険要因を認識し、理解することが必要です。ただ、私たちは、常に危険要因と一緒にいるにも関わらず、危険要因として認識していないことが多く、逆に、いったん危険要因と気付くと、必ずしも遠ざける必要がないものまで、遠ざけたり、排除したりすることが多々あります。危険要因であると認識したときは、その危険要因の状態に注視し、扱いに注意すればよいのです。危険要因は、必ずしも、私たちを脅かす存在ではないのです。

ただ、私たちの生活に必要な危険要因とはいっても、それが危険状態になり、被害が生じては付き合うことはできません。危険要因は、私たちを脅かす存在になってはいけないのです。このためには、危険要因が危険状態にないか、常に関心を持つことが必要です。危険要因に対して日頃から関心を持つことで、それが危険状態にあるかを、把握しやすくなるばかりか、現在は危険状態になくても、近い将来危険状態になることが予測でき、事前に対策をとることも可能になります。危険状態にある危険要因に対しては必要な安全対策をはかり、危険状態から脱するまでは、危険要因との付き合いには、何らかの制限や制約などの対応が必要であることは、言うまでもありません。

危険要因と上手に付き合うためには、先ず、危険要因との付き合い方を示す前提条件を定めることが必要なのではないでしょうか。生産工場には、コンピュータをはじめとする多数の電子機器である監視機器や制御機器が使われています。それらが誤動作することは、工場の生産性をはじめとする正常な運転動作に影響が生じるだけでなく、工場で働く人々の安全性にも大きな影響を与えます。誤動作の原因の一つに、他の電気機器から発する電磁雑音（ノイズ）の影響があります。ノイズによる影響は、単に機器の誤動作だけには留まらず、時と場合によっては電力や水道、また交通などのシステムダウンにつながる可能性もあります。このため、ノイズによる誤動作対策は、生産工場の重要な課題であり、ノイズは大きな危険要因なのです。ただ、ノイズは、信号の仲間であり、単に、使う目的によって区別されるだけのものです。影響を受ける機器にはノイズは危険要因ですが、その元は電子機器の信号なのです。ノイズを生じさせる電子機器もノイズの影響を受ける電子機器も、工場では同じように必要な機器なのです。

このことは生産工場に限りません。電車の中で携帯電話を使っている人には、電話から生じる電磁波はコミュニケーションのための大事な信号ですが、心臓のペースメーカなどを使用している人にとっては大きな危険要因になります。このため、ノイズを生じさせる電子機器とノイズに影響を受ける電子機器が共存できるための前提条件ができています。具体的には、各電子機器は、それが外部からのノイズの影響を受ける際の影響度（イミュニティ）レベルは、その機器が使用または設置される環境において、他の電子機器が放出する妨害度（エミッション）レベルを考慮して決められるということなのです。これを電磁環境両立性、ＥＭＣ（Electromagnetic Compatibility）といいます。通常、電磁波を放出する電子機器は数が多いのに対して、たとえ一台でもノイズに影響される機器があると、その機器が構成要素となっているシステム全体が影響を受ける可能性があるので、イミュニティレベルはエミッションレベルよりも高いレベルが要求されます[5]。

人間が開発した危険要因である機械や自動車などは、もともと必要から生まれたものですから、安全に、そして快適に使うため種々の前提条件があります。製造現場で使用される工作機械やロボットは、通常は遮蔽壁

や安全柵の中で動作するよう決められています。材料や工具の交換、保守作業のときなどは、原則供給電源などのエネルギーを遮断する、または特別に安全手順を訓練された人が手順に沿った形で機械と接触するなどの前提条件があります。化学工場で働く人たちは可燃性ガスや毒性物質などのある環境で作業をするため、その環境が危険状態にならないよう定められた手順で作業をすることはもちろん、万一危険な状態になっても身の安全を守れるような防護服を着用することなどが作業をするための前提条件として義務づけられています。

ここで、一歩観点を変えて、危険要因側から私たちを見たらどうでしょう。産業機械を設計、製作する側から見れば、機械を扱う人は危険要因かもしれません。正しい設定、正しい作業手順に沿って、また定期的に診断して使われていれば、流体が逆流したり、ツールや材料が破損する可能性は防げるかもしれません。産業廃棄物や大気汚染、またコンピュータをはじめとするシステムのバグや操作ミスなどの人為的ミスは潜在的危険要因ですが、これらの危険要因を生み出しているものも、多くは人間です。

自動車は、運転技能や交通法規を取得した運転免許証を保持している人だけが運転することを認められます。運転免許を保有していない歩行者も、交通法規を学校などで（決して十分とは言えませんが）教えられます。この結果、運転手と歩行者は共存することが可能になります。歩行者にとっては危険要因である自動車でも、それが交通法規を遵守して走行していれば危険状態ではありません。運転手から見れば、歩行者は危険要因になります。特に、交通信号を無視したり、狭く、見通しの悪い道路で不規則な動きをする歩行者は危険状態です。歩行者や自動車では、同じ道路上で共存するためにはお互いに交通法規を遵守していることが必要条件になるでしょう。同時に、これら人間が開発した機械や自動車についても、設計する人は使う人のことを考えて、使用する人はそれらがどのような意図を以て設計されたかを理解することが大切なのです。

大事なことは、相手である危険要因の立場に立って考えることです。このことは、私たちが社会生活を営むときに、他の種類の人たちとうまく共存していく認識を持つことなのです。

自然災害にしても、昔から台風による河川の氾濫などがあると高台に避難し、安全になるとまた平地部に戻ってきました。そして河川の氾濫により肥沃になった土地で耕作して恩恵を授かることで自然と共存してきました。どれだけの場所を人が使えるかは、ある意味、自然とそこに暮らす人

達との暗黙の前提条件があるとも考えられます。

人の免疫でも、免疫の認識能力、理解能力が低下すると、病にかかりやすくなりますが、逆に、危険要因とみなす必要もないのに、危険要因として反応してしまうことがあります。その結果、花粉症のように鼻水やくしゃみのような不快な状態になるばかりか、体にとって必要な栄養源であり、かつ安全であると思われてきた食物に対して過剰に反応する、いわゆるアレルギー症状を起こすこともあります。花粉症などは戦前にはほとんど存在しなかったにも関わらず、現在は杉花粉症だけでも日本の全人口の8～12パーセントあると言われています。この理由の一つには環境の変化があると言われています。免疫の働きは、細菌やウイルスの侵入をあるボーダラインで抑え、微妙な共存関係を作り出すというものです。しかし先進国は、人類始まって以来の無菌に近い状態となりました。私たちの周りの環境が改善された結果、その共存関係は急速に崩されていったのではないでしょうか。私たちは、これだけの雑食をしていながら、食物中に含まれる抗原に対する抗体は、一般にはほとんどの人間の血液中を流れていません。消化管は、おびただしい種類の外界の異物が消化管という生命の管を流れ落ちるのを、拒否するのではなく内部に受け入れ、それと共存するための仕組みを成立させているのです[6]。

免疫については、現在でもまだ解明されていないことが多いようです。ただ、免疫系の一面である外部からの物質に対するアレルギー反応は、私たちの危険要因に対する反応とも類似しています。危険要因と共存するためには、改めて、私たちの体の反応を見直してもよいかもしれません。このように危険要因は完全になくすことはできないため、うまく共存していかなくてはなりません。危険要因を理解し、危険要因と上手に付き合うためには、そのための制約があることを理解する必要があります。

4・4 「共存」することが「対策」になる

ここまで、危険要因と上手くつきあうためには、前提条件が必要ではないかと提案してまいりました。では、この過程を安全対策とみなすことはできないでしょうか。つまり、危険要因と何らかの前提条件を設けることで、危険要因が危険状態にならないよう共存をはかることを、安全対策の一つと考えることはできないでしょうか。

広辞苑によると、〝共存〟の意味は、「互いに違いを認め合った上で、相手の存在を認める」と記されています。また、「同時に二つ以上のものが、争わずに生存すること」という意味もあります。

〝共存する〟の反対の言葉は何でしょうか。以下の2つが共存の反対語として考えられます。

① 支配する、管理する、制御する
② 排除する、隔離する、抹消する

安全対策の基本は、危険要因を排除ないしは隔離するなどして遠ざけることです。だとすると、危険要因と共存するということは、これらの優先度が高い安全対策と相反するようにも思えます。しかしながら、危険要因が危険状態になり、私たちを脅かす存在になるということは、安全対策のための前提条件が守られなくなったときです。そう考えると、危険要因と共存をはかることと、本質的な安全対策や安全防護対策は、互いに補い合うものではないでしょうか。それにも増して危険要因と共存をはかることは、安全対策の第一歩と位置付けるべきなのです。

動物たちと常に愛情を持って接するのと同様、生産工場などでの機械類に対しても、常に関心、愛情を持って接触していれば、異常状態になったときに、すぐに対応ができ、事故を未然に防ぐことはもとより、生産計画にも支障なく対応できると言われています。このように、危険要因に対して日頃から関心を持つことは、危険要因との共存と考えられます。

私たちは、支配されることはもちろん、管理されることに対しても抵抗があります。だとすれば、同じことを危険要因に対して行えば、危険要因側も、ありがたくはないはずです。共存の観点に立てば、危険要因を理解するだけでなく、相手である危険要因側からも理解してもらうことが必要になります。例えば危険要因が機械であれば、その機械を設計する人は、機械を使用する人の立場になって考え、使用する人の挙動をできるだけ理解するよう設計することが大切なのです。

そのため、安全対策を考える上では、先ず、共存のための前提としての条件を構築します。その前提が守られなかったときの対応も決めておくことが必要です。この章の始めに例として挙げた化学工場での流体を制御する工程では、何らかの異常が発生した場合、特にバルブポジション開度などの外部への緊急警報信号出力部に異常が検知されたときは、すぐに工程を停止、必要に応じて動力を遮断またはセパレータを挿入するなどの安全対策がとられます。この工程では、流体がパイプ外に漏れたり、バルブ故障などで逆流しないようにすることが、危険要因である工程が危険状態にならないための前提条件になります。このように、工業分野においては、危険要因が危険状態にならないための前提条件が比較的明確になっています。

一方、多くの安全規格が制定され、これを遵守することが推奨、または法令化されています。これらは、安全設計のための手段や試験手順を定めることで、作業者の安全を確保するのに役だっています。しかしながら、安全規格に適合しているからといって、必ずしも安全とは限りません。安全規格には危険要因との前提条件があるのです。この前提条件は、危険要因が私たちの周りに加わる最初の段階に設定すべきものです。安全規格自体も日々更新されていますが、安全規格は、過去の事故やそれが発行された時点での技術水準に基づいて作られていますので、以前の安全規格では危険状態を回避できていなかったことがのちに分かる場合も多々あるのです。

安全対策は、時と場合によっては、新たな危険状態を生じさせるなど、対策自体が安全の上で障害になることもあります。

特に、前提条件が不明確なときは、新たな危険状態が生じる可能性が大きくなります。例として化学工場内で使用される機器では、機器内の回路が断線や短絡など故障したときに生じる火花が周囲の可燃物に点火しにくくなるよう、回路内のキャパシタンスやインダクタンスという電気部品の値を減少ないしは取り外してしまうことがあります。しかしながら、これらの部品は、外部からの雑音の影響を受けにくくする機能も保持しているため、取り外したことにより機器が誤動作して、誤った検知信号を制御回路に送って、危険状態を生じてしまうこともあります。従って、機器が正しく動作する上での必要最小限のものを残すことを前提条件として明確にしておくべきなのです。

身近な例として、薬の副作用があります。薬は特定の症状と体質を持つ患者に特定の量を与えた時は効果がありますが、用法を間違えたり、他の薬と併用したりすると、副作用が発生します。時と場合によっては、薬を使用しないときよりかえって患者に悪い影響を与えてしまうこともあります。

先に挙げた花粉症も、安全対策が新たな障害を生じさせる例の一つです。体の安全機能としての免疫が、体に入ってきた危険要因とみなす必要のない花粉を危険要因とみなしてしまうことで、鼻の粘膜や目の粘膜に、くしゃみ、鼻水、目のかゆみなどの症状を引き起こしてしまうのです。このように、安全対策が危険要因を排除することで、結果として他の危険要因が危険状態になってしまうことは多々あるのです。

安全対策が危険要因でないものを排除してしまうことがあるのと同様、危険状態を検知するための検査が安全上必要なものまで痛めつけてしまうこともあるのです。検査によっては、大きな電圧を機器に印加して診断することもあり、機器の部品を劣化させてしまうことがあります。この点、検査によって安全性能を劣化させては本末転倒になるため、留意することが必要です。

医療分野での放射線による定期検診にもこれに似たところがあります。放射線による検査は、がん検診をはじめとする多くの診断に役立てられていることはよく知られています。しかしながら、放射線による体への影響は少ないと言われているものの、放射線により正常細胞の一部が傷つく可能性もあるのです。このため、放射線の強さや回数などは厳密な基準と管理のもとに行われています。

競争社会においては限られた市場、限られたポストなど、限られたパイをめぐって、相手の領域に侵入することは多々あることです。良い意味での競争、すなわち、互いが能力向上に努め合うような競争はよいとしても、限られたパイを独り占めするために策を仕掛けることは、時として争いにつながる可能性もでてきます。これが国単位になると、戦争になります。戦争になる可能性の高い状況下では、攻撃を仕掛けてくる可能性

のある他国が大きな危険要因になります。他国を攻撃する場合は、自国の立場を正当化するために、様々な理由を見つけ出します。日本では錦の御旗を担ぎ出したり、外国では神の名前を使うことも多々あるようです。

考えられる安全対策は、危険要因である相手からの攻撃を受けて立てるだけの攻撃力を有することだけなのでしょうか？　戦闘が始まれば、負けた方はもちろん、勝った方にも大きな被害が生じます。特に、国同士の戦争にでもなれば、地球環境に与える被害は甚大です。大切なことは、他国という危険要因に対して、戦争のような大惨事が生じるような状況（危険状態）にならないよう関係改善を図ることが必要であるということです。そのためには、戦争状態になる前に互いを理解し合うこと、限られたパイを共有しなくてはなりません。

ただ、戦争が生じる要因には、資源などの領有権や宗教問題などの複雑な問題が絡み合っているため、互いに理解し合うことは容易ではありません。それでも、先ず、互いに理解し合い、共存することを考え合うことが必要なのではないでしょうか。

こうして共存を前提として安全対策を構築した際は、その安全対策を維持していくことも必要です。その安全機能の運用はどのように進めていくのか、関連する機器だけでなく、それを運用する人も含めて考えなくてはなりません。また、構築した安全対策がどのように各安全機能へ割当てられているか、どこまでの危険要因、危険状態に対して有効であるか、安全対策と危険要因との関係を明確にすることが必要です。安全対策は、危険要因が私たちの周りにあるとき、また、危険要因を扱っているときだけを考えるのでは不十分です。安全対策を使用した後の廃棄まで考えなくてはなりません。そのためにも危険要因に関して精通していなければなりません。工場などで機械類を処分する際は、再利用するにしても産業廃棄物として処理するにしても、それらが新たな危険状態を生じないよう処理しなくてはなりません。安全対策は、危険要因が離れた後も考慮し、準備しておかなくてはならないのです[(7)]。

このような危険要因の廃棄まで含めた安全対策の考え方は、危険要因を排除または隔離する本質的な安全対策よりは、危険要因と共存していくための前提条件を構築するという考え方の方がより具体的な、建設的な対策が生み出されていくのではないでしょうか。

危険要因と共存するための前提条件を構築するためには、危険要因の現状と動向を知ることが必要です。もちろん、私たちは危険要因の現在の状態をもとに将来の全ての状態を知ることはできません。それでも危険要因に関心を持ち、危険要因の立場に立って、危険要因を理解しようと努めることが、共存するための策、すなわち安全対策を構築することにつながるのではないでしょうか。

次章では、この危険要因を理解することが大切であるという観点を基に、安全対策をより良く把握、理解することの大切さを紹介します。安全対策を理解するということは、安全対策は人任せにしないという考え方にも通じます。

第5章

安心のための安全対策

第5章　安心のための安全対策

前章では、安全対策の一環として、危険要因と共存をはかるための前提条件の構築を提唱しました。そのためには、危険要因を理解することが大切です。本章では、この考え方をもとに安全と安心の関係に触れ、安全対策を把握、理解することの大切さに言及します。

5・1　「絶対安全」とよく聞くけれど…

日常的に、安全、安心は対で扱われることが多い割には、工業分野では安全もしくは安全対策に比べると安心については多くは言及されていません。

私たちの周りには、たくさんの危険要因がありますが、それらは、危険な状態にならないように様々な安全対策が図られています。工場や作業現場はもちろん、駅や病院などをはじめとする公共施設などには、各種の防災システムが取り付けられていますし、私たちが日常使用している家庭用機器などにも、各種の安全対策が施されています。社会生活を営む上で、これらの対策は欠かせません。

それでも実際には安全と考えられていた対策が有効に動作せず、危険要因が認識されていないで事故が起きたり危険状態に巻き込まれたりすることはあるのです。通常、安全対策を効果的に動作させるためには、機器の正しい使い方や定期点検などが欠かせません。しかし、安全対策に完璧はありません。今後、安全技術が発展したとしても、材料の劣化や予期しえない環境変化、または人為的操作ミスなどにより、危険状態に巻き込まれたり、事故が生じる可能性はあるのです。安全を受ける側の人たちも、安全対策がどのような危険要因に対して、どの程度までの安全性を用意してくれているのか知っておくことが必要なのです。安心を得るためには、少なくとも想定される危険要因と危険状態を認識し、かつそれらの危険状態に対して、どこまで安全対策が図られているかを把握し理解できていることが必要なのではないでしょうか。

ここで、〝安全と安心〟を考えるための道具として、ちょっとした「論理学」を使ってみようと思います。

「ＡであればＢである」というような言い回しを、論理学の世界では「命題」といいます。また、もとの命題の「Ａ」を「Ａでない」、「Ｂ」を「Ｂでない」と言い換え、さらに前後を逆にしたもの、つまり「ＢでなければＡでない」という命題を、もとの命題の「待遇」といいます。

ここで、もとの命題とその待遇の関係を、具体的な例をとって理解してみましょう。「Ａ」を「トマトである」、「Ｂ」を「野菜である」とすると、「トマトであれば野菜である」という、なるほどもっともな、正しい命題ができます。命題が正しいことを「真」といいます。

この命題の待遇を作ってみましょう。両方否定にして、前後をひっくり返すのですから、「野菜でなければトマトでない」という命題ができます。これも正しい、すなわち「真」ですね。

じつは、もとの命題が「真」であれば、その待遇もいつも「真」になるのです。証明は省略しますが、他の例を自分でたくさん作ってみて、確かめてみてください。

安心と安全の話に戻しましょう。みなさんは、何か危険があるらしいことだけが知らされていて、とりあえず「安心してください」と言われて、安心できるでしょうか。少なくとも、どんな危険があって、それに対してどんな安全対策が取られていて、なぜその対策は安全と言えるのか理解しないと、安心できないのではないでしょうか。

この「どんな危険があって、それに対してどんな安全対策が取られていて、なぜその対策は安全と言えるのか理解しないと、安心できない」は、命題のかたちをとっていて、かつ、前後とも「否定」の形になっています。これは先の「待遇」の形ですよね。では、待遇にする前のもとの命題はどんなものだったか。否定をやめて、前後を元に戻すのですから、「安心するには、どんな危険があって、それに対してどんな安全対策が取られていて、なぜその対策は安全と言えるのか理解する必要がある」となります。

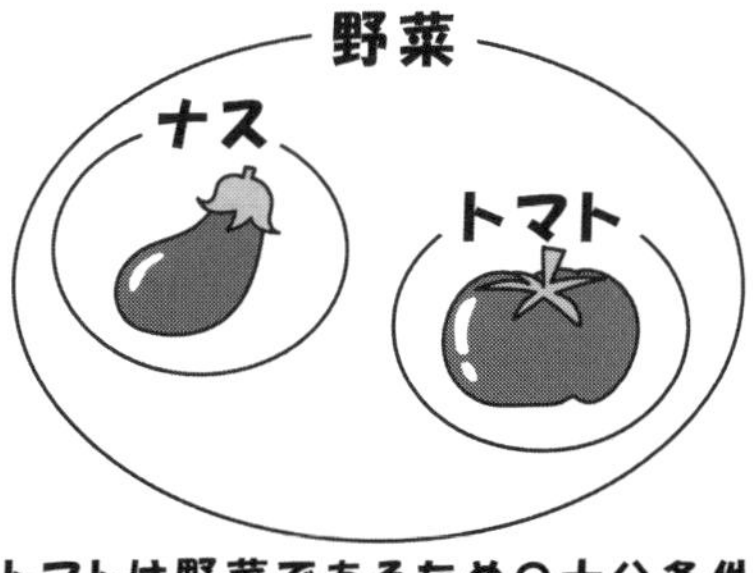

トマトは野菜であるための十分条件
野菜はトマトであるための必要条件

それでは、〝安全対策を理解する〟ということはどういうことなのでしょうか。安全対策が絶対に安全であるということを確認することなのでしょうか。たとえば、自然災害や食中毒などで、大きな被害があった現場では、「絶対安全」という言葉が飛び交います。被害にあった人たちは、「二度とこのような事故が起きてはならない」という気持ちから、今後の対策として、絶対安全、すなわち１００％の安全対策を保証してもらいたいと考えます。それでも、「今回の安全対策は絶対安全です。安心してください」と言われたとしたら、みなさんはそれを信じることができるのでしょうか。

危険要因が危険状態になる際には、いくつかの段階を経て危険状態になります。また各段階においても複数の危険要因または環境が関与する場合が多いのです。装置が正常に動作しているように見えるときでも、その中のいくつかの部品は摩耗ないしは劣化して、危険状態になっているかもしれません。加えて、周囲の温度や湿度が、たまたま部品の動作に悪い影響を与える状態になるなど、些細な危険状態が偶然に積み重なって事故は生じるのです。

十分な計画と検証作業を行ったにも関わらず、銀行などの大きな組織がシステムを一体化運用するときや、鉄道システムに導入された新型車両が走行を始めたときなど、想定外の環境要因によりシステムダウンしたことは、多くの人の記憶にあると思います。

病気についても、最近は遺伝子工学の技術が進み、特定の人の遺伝子を解析することで、その人が将来にわたってどのような病気になるかの可能性が分かるようになったと言われています。それでも、分かるのは、その人の生涯における病気発生の確率であり、その確率に関与する環境因子の振る舞いまでは特定できません。ましてや、いつその病気が発症するかの時期までは特定できません。

自然災害や人為的な事故などの大きさと発生頻度は逆比例関係にあると言われています。小さい事故や災害の生じる頻度は高く、大きなものは、頻度が少ないのです。過去に起きた事故や被害以上のものが将来起こる可能性は否定できないということです。このように、危険要因が危険状態を引き起こす要因には偶発的に生じるものが多く、あらかじめ確定することは難しいのです。

この種の曖昧さを嫌う人たちは、すべてのことは過去から未来に至るまで因果的に決定されていると考えます。ただ、彼らは、私たち人間の認識能力には限界があるので、そうした過程についてはすべてを認識できないに過ぎないのだというのです。しかし、私たちの認識能力に限界があるのならば、「未来までが決定されていると考えること自体、無理があるのではないでしょうか。環境自体、偶然性と共有し、私たちは、そうした社会的環境因子の影響を大きく受けているのです。政治や経済や文化などの社会的環境に限っても、それらが偶然性に色濃く支配されたものであることは明らかです。大金を投資した人は株価の変動に大きく左右されます。それらはすべて不確実性・偶然性のもたらす作用なのです(2)。

今ある危険要因が、どの程度の危険な状態になるのか、私たちが将来、遭遇するであろう危険状態、それによる事故や災害に対して、そのもととなる危険要因を１００％理解することはできません。私たちは危険要因が危険状態になる過程には曖昧さがあることを理解しなくてはなりません。このことは、安全対策にも、また曖昧さがつきまとうことになります。完璧と思われるような安全対策が用意されている場合でも、時には事故が生じてしまうこともあると考えなくてはならないのです。

５・２　「理解」してこその安全対策

　安全神話は、〝絶対安全を信じる〟、という意味に使われることがあります。ただ、私たちは、実際には、〝ゼロリスク〟や〝絶対安全〟の達成が非常に困難なこと、不可能かもしれないということを知っています。それにもかかわらず、絶対に安全だと信じようとする〝安全神話〟はどうしてできるのでしょう。この根底には、安全を受ける側としては、危険なものは知りたくない、または、国や専門家が危険なものを管理してくれることで、安心を得たいという思いがあるのではないでしょうか。しかしながら、危険要因を知らないで危険状態に遭遇した場合は、危険要因を知っていた場合と比べて、より頻繁に事故や被害に巻き込まれやすいのです。被害に巻き込まれてから、危険要因を知らされていなかった、安全対策が不十分であったなどと、安全対策を提供した側を非難し責任転嫁するにしても、事故や被害に遭っては元も子もありません。

　ここで、昔からある〝なぞなぞ〟を紹介しましょう。
「今夜はとても冷えます。部屋には暖房器具が三つ。ストーブ、火鉢、暖炉。しかし、マッチは一本しかありません。さて、最初に火をつけるべきものは何でしょうか？　ただし、一つの器具に火をつけると、マッチは消えてしまうものとします」

どれがいちばん暖かそうだろう、とか、できれば三つとも火をつけたい、ストーブでは無理だろうが、火鉢や暖炉なら、くべてあるものを手に取れば他のものにも火を移せるかも、とか、いろいろ考えを尽くされる人もいるかと思います。

正解は、〝マッチ〟です。

少々拍子抜けされたかもしれません。ここでは「この三つのうち、最初に」とは書かれていません。なるほど、どの器具を使うにしろ、まずマッチに火をともさなければならないのです。ストーブ、火鉢、暖炉、どれに火を最初につけるべきか、考える人もいるかと思います。しかし、これらは、「最初に火をつける」ことができるものでしょうか。実際にこの〝なぞなぞ〟の状況を思い浮かべ、ストーブにせよ、火鉢にせよ、暖炉にせよ、どれかに火をつけるにあたり、それらよりも先に、自分が持っているものに火をつけているところを想像することができれば、この〝なぞなぞ〟は解けます。唯一、最初に手をつけることができること、いいかえれば、ゼロの状態からできること、それが、「マッチ」なのです。

安全対策についても、同じことがいえます。危険をなくすにしても、危険を囲うにしても、危険を知らせるにしても、どれも皆必要なことですが、今自分にできることは何か、実際の状況を想像してみると初めて気づかされるのです。安全対策を人に任せるのではなく、自らが危険要因を知り、自分の生活は自分で守るという意識を持つことが必要なのです。

およそ、６５００万年程前の太古の時代に、地球に隕石が衝突し、空が塵や火山灰に覆われて気温が低下し、恐竜が絶滅したと言われています。恐竜たちは、隕石のことなど何も知らされていないまま、気候が変動し慌てふためいたことでしょう。このときは、気候変動への適応力が低く、かつ体の大きな恐竜の殆どは絶滅しましたが、哺乳類をはじめとする環境への適応力が優れていた動植物だけが生き残ることができました。

もし、現代に、このような隕石の衝突が起きたらどうでしょうか。例え事前に隕石が衝突することを知らなくても、６５００万年前の哺乳類たちと同様、適応力の優れた人類は生き残ることができるかもしれません。ただ、現代に生きる私たちは、隕石の衝突について、かなりの確率で事前に予測できます。事前に隕石が衝突することを知らされることで、多くの人は、一時的にはパニック状態になるかもしれませんが、隕石が衝突する箇所から離れる、気候変動に対して食料を備蓄するシェルターを構築する、など各自、被害を抑えるための対策を図ることで、生き残る人は格段に多く、被害も抑えられるのではないでしょうか。もちろん、地球規模での何らかの安全対策が図られることでしょうから、個人レベルでの対策を合わせることで、全体としての被害はかなり抑えられると思われます。いずれにせよ、隕石衝突を知らされることなくその場に居合わせることと、事前に知らされていているときと比較して、どちらが安心できるかを考えれば、誰もが事前に知らされることを希望するのではないでしょうか。

現状の流れや、その行き着く方向が理解できている人は、適切な安全対策が事前に準備できます。そのような人は、危険な状況下で、慌てることも少ないのではないでしょうか。山の中で道に迷ったときは、ただやみくもに道を探して体力を減少させるよりも、その場にとどまって助けを待つ方がよい場合もあるのです。時と場合によっては、安全対策として、成り行きに任せることもあるかもしれません。

かの中国春秋時代の兵法家、孫武は、その著書「孫子」のなかで、「彼を知り己を知れば百戦して殆うからず」と記しています。ここでいう「殆うからず」とは、「必ず勝つ」という意味ではありません。あくまで「敗れない」という意味で、孫武はいっています。いまは真っ向勝負を避け、好機が訪れるまで力を蓄えるのも「敗れない」ことのうちです。いま戦うべきか、いまは退くべきかを判断するのにも、「彼を知り己を知る」ことが必要であることを説いています。もしあなたが、ある危険に立ち向かうかどうかの選択を迫られ、自分がいまその危険に対応すべくもっている備えについて知り、そのうえで、その危険についてもよく知った結果、立ち向かわないことを選択したとしても、それは立派な戦法、すなわち「対策」なのです。

このような選択が可能になるのは、現状の装備や周囲の状況がある程度理解できている、いわゆる、経験による裏付けがある場合です。安心するためには、私たちは、先ず、自分自身で危険要因を認識し、自身がもつ検知能力を生かして、危険要因が危険状態になりそうかどうかを判断する。そうすることが安全対策を理解することにつながるのです。

5・3 「思いもよらないこと」は、わりとよく起こる？ ～想定外リスクへの対応～

安全対策を提供する側はもちろん、それを受ける側にとっても、危険要因を認識することは、安全対策を理解する上で必要でありますが、そのためのリスクアセスメントを実施したとしても、全ての危険要因、危険状態が想定されるわけではありません。想定されないリスクに対しては事前に安全対策を用意しておくことも難しくなります。

安全対策は、危険要因ごとに異なる対策がとられることもあり、この各々の対策が、相反する内容になることもあり、危険要因によっては十分な対策がとれないことも多々あります。実際に、ゼロリスクの達成は、技術面、コスト面など様々な意味で非常に困難なことで、不可能かもしれません。しかしながら、許容可能リスクならば安全、受け入れられるリスクならより安全、といったように、安易にリスクが残るのは当たり前と考えると、とるべき対策を最初から放棄してしまう、あるいは新しい安全対策を考案しようと努力するのをやめてしまう可能性も生じます。こういったことを防ぐため、許容リスクとゼロリスクの関係を改めて整理し思い出すことも必要なのです[(3)]。

安全対策を実施するかどうかの線引きに関して、コストの観点からリスクが低いと判断された場合、対策の対象外になるという点では、想定外リスクは許容リスクと共通するところがあるようにも見えます。しかしながら、許容リスクは想定されるリスクであり、設置条件や使い方などの条件を前提とした残存リスクです。前提条件が崩れれば、安全対策があっても、危険状態になり、事故が生じることもあります。許容リスクは、そのリスク自体はもちろん、そのための前提条件が受け入れられるものでなくてはなりません。これに対し、想定外リスクは、それによる事故や被害は受け入れられるものではありません。

想定外リスクの線引きという発想自体、その根拠と背景には様々な様相がからんでいるようです。

Ａ：本当に想定できなかったケース。

Ｂ：ある程度想定できたが、データが不確かだったり、確率が低いと見られたりしたために、除外されたケース。

Ｃ：発生が予測されたが、その事態に対する対策に本気で取り組むと、設計が大がかりになり投資額が巨大になるので、そんなことは当面起こらないだろうと楽観論を掲げて、想定の上限を線引きしてしまったケース。

これまでの様々な災害事例を見ると、ケースＡは極めて少なく、ＢかＣ、あるいはＢとＣの中間辺りのケースが大半を占めているのではないかと言われています[4]。

このように想定はできるが発生確率が低い、または発生を予測するためのデータが不十分である、対策するとなると大幅なコストが必要になるなどの理由から、十分な安全対策ができていないリスクは多くあるのではないでしょうか。特に地震や津波、台風などの自然災害は、例え大きなリスクが想定できたとしても、数百年に一度の大災害に対しては、全ての想定される危険状態に対して安全対策を講じると、莫大なコストが掛かります。また、安全コストを考えるまでもなく、この種の危険要因に対しては、本質的な安全対策はできないという議論にもなるでしょう。

いずれにせよ、想定外リスクは許容リスクにはなり得ません。想定外リスクが、許容リスクと同じような扱いをされているとしたら、大きな問題と考えるべきでしょう。

それでは、想定されていなかったことで、危険状態になった場合の安全対策はどうあるべきでしょうか。一つの対策が危険要因を抑えきれなくなったときを考えて、別の対策も必要になります。それでも、万一事故が発生しても、大きな被害にならないような配慮、すなわち、想定外のリスクに対しても、心構えを持っておくことは必要です。

危険要因が、将来、大きな危険状態になる可能性があるのなら、例えその確率が低くても、各危険状態に対して計画、検討をしなくてはなりません。つまり一つの安全対策では防ぎきれないような想定外のリスクでは、複数の異なった形態の対策を用意しておくことが必要です。

大切なことは想定外の事故や被害を生じさせる危険要因に対しては日頃から監視し、それが危険状態になるときをできるだけ早く検知し、可能であればその前兆をとらえることです。

想定外リスクの代表的なものである自然災害に関しては、現在の安全対策では防ぎきれないような大きなものが発生する可能性はゼロではありません。危険状態になる可能性はどんなに低くても何らかの対応は必要です。例えば、地震によって生じる津波への安全対策を考えてみましょう。津波による大きな被害がある地域では、海岸に高い堤防を築く安全対策が考えられるでしょう。この場合、あるレベル以下の津波に対しては、その危険状態を防ぐ防波堤を構築すれば、津波に襲われる危険状態の確率は小さくなります。どれだけの大きい津波が、どれだけの頻度で発生するかは、過去のデータや地球環境に基づいて計算することができます。

いくら高い堤防を築いても、想定したレベル以上の津波が発生するかもしれません。何百年に一度の確率で生じるような大津波を想定した堤防を構築することは、費用的に現実的なものではないかもしれません。このように想定以上の大きな津波に対しては、津波を事前に検知するシステムと、高台に逃げるルートを確保する対策も必要です。自然災害という大きな危険要因では、高台への避難も立派な、そして重要な対策案の一つであることはよく知られています。

実際には、全ての危険要因の状態を予め把握して詳細な対策を図ることは難しく、ある程度危険要因が危険な状態に近づかないと具体的な安全対策が定まらないこともあります。最新のＩＴ技術を駆使した人工知能では、現在の状態をもとに将来の全ての状態を求めて対応を図る、いわゆるラプラスの悪魔的な対応というよりも、おおまかな、かつ曖昧性のある目的を明示するだけで、自分で考え、学習しながら解を見付けることで、時には曖昧さの除去も行うことができる能力を目指しているようです。（註記：ラプラスの悪魔については、3・5　危険状態の予知　で紹介しています）

また、多数の要因が絡む複雑なシステムに対しては、〝現在の状態を示す情報は、想定されているほどには必要でも重要でもない〟とも言われています。現実の状況は複雑、不確実で、差し迫ったものが多く、考察しなければならない細部が多すぎるからです。組合せによっては、考察すべき量が爆発的に膨張し、スケールアップされるような状況になります。臨機応変に対処する方法では、このような状況下で、あらかじめ考察すべき計画を必要以上に立てる必要はないのです[(5)]。

私たちの身体には、複数の危険要因、しかも想定外の大きな危険要因に対しても対応する防衛システムが用意されています。身体の二つの防衛システムを考えてみましょう。一つは、外部環境からの脅威に反応して、「ストレスホルモン」を分泌し、身体を「闘争・逃走」の体制に導くもの。もう一つは、体内に入り込んだ細菌やウイルスから守ってくれる免疫系です。今、あなたがアフリカのサバンナにいて、バクテリア感染によるひどい下痢をし、テントの中で横たわっているとしましょう。このとき身体は免疫系の防衛システムが体内に入り込んだバクテリアと闘ってくれています。そのとき外でライオンのものすごいうなり声がします。どちらが危機かを脳は瞬時に判断しなくてはなりません。いくらバクテリアをやっつけたとしても、ライオンに食われてしまったのでは元も

子もありません。そこで、身体は、感染に対する戦いを一時休止して、もう一つの防衛システムで身体を「闘争・逃走」の体制に導き、ライオンという差し迫った危機から逃れようとします。

この例で挙げた身体の二つの防衛ステムは、どちらも生命維持に必要不可欠なものです。複数の危険要因に出くわしたときは、どちらの安全対策を優先させるべきなのか使い分けなくてはなりません。その場に適した臨機応変的な対応が必要になります。判断を間違えることは、致命傷になるのです。生命は、臨機応変の連続なのです[6]。

この例は極端かもしれませんが、実際、危険要因の状況は複雑、不確実で、考察すべき細部が多くあります。安全対策は、これらの危険要因の状態を予め把握して対策を図ることも必要ですが、加えて、大規模なシステム、人が絡むような複雑なシステムの事故や被害を減らすために、複数の安全対策と、実際の状況に合わせた臨機応変的な対応を合わせることが必要なのです。

5·4　「安全」と「安心」との間の溝

「安全」と「安心」については、言葉の意味は似ていますが、その意味合いや、言葉の使われ方は異なります。安全という言葉の多くは安全対策を提供する側で用いられますが、安心は、通常、安全対策を受ける側で多く用いられます、同じ安全対策でも、その受けとめ方に差があるように、安全と安心も、その扱われ方は異なるのです。

企業は、安全な製品やサービスを提供することで、お客様に安心していただける安全を提供するよう努めます。その結果として、お客様に喜んでもらい、かつ信用をいただくのです。加えて、安全な製品やサービスを提供するための努力は、万一提供した製品に安全上の欠陥が見つかり事故などが生じた際にも、責任が軽減されることもあり、このことも安全設計に力を入れる狙いの一つになります。この点では、企業が安全な製品やサービスを提供することは、お客様も企業も、共に安心を得ようとする同じ立場に立つことができます。このことは企業を運営していくためには大切なことですが、責任が軽減されることへの観点が強くなりすぎると、安全対策は、安全規格に沿うだけ、また安全認証を取得するだけの対応となってしまい、お客様に安心を与えるという本来の主旨が薄れてしまうこともあります。

最近は薬局で薬を購入すると、たくさんの副作用に関する注意事項が記載されています。中には、薬を必要とする現在の症状より影響が大きいものまで記載されています。また、病院で手術を受ける際、その前に、手術が順調にいかなかったときの説明を受け、そのことに対する承諾の署名を求められることもあります。このような注意事項や説明は、薬を購入したり手術を受ける人には事前情報による安心を与える狙いもありますが、説明を上手にしないと、製薬メーカや病院側の責任回避のためと受け止められることもあるかもしれません。安全対策を提供する側は、その対策を自分が受ける立場に立って考えることが必要なのです。

どこまで安全対策を実施するかは、対策をする側と、その対策を受け入れる側との取り決めのもとに行うことになります。対策を提供する側からの残存リスクの大きさは、そのときの対象とする危険要因と、想定される被害の大きさ、および危険状態になる頻度などの統計的なデータをもとに、確率データとして表されます。

対策を提供する側では、機器、設置環境など、全体を見定める必要があるので、どこまでの対策を講じるかについても、複数の人や複数の場所を対象にした確率データをもとに決めるものです。

これに対し、対策を受け入れる側の残存リスクの大きさは、対策後も生じる可能性のある危険な状態の深刻さであり、想定される被害の大きさなのです。しかも、対策の範囲は、複数の人や複数の場所というより、自分の周りの特定の人であり場所なのです。そのため、対策を提供する側から提示される残存リスクは、それを受け入れる側に安心してもらえないことが多いのではないでしょうか。

放射能により汚染されたかもしれないという情報だけで、その土地で栽培された野菜や果物などが消費者から購入を敬遠されてしまうなど、いわゆる風評被害に悩まされる生産者がたくさんいました。汚染されたものを人が食べたときの健康に与える影響度は、確率的には極めて小さいとしても、放射能による健康被害が想定されることだけで、生産物を受け入れられなかった消費者が多くいたのです。

確率的なデータと、私たち一人一人が実感する事実が合わないのは、安全と安心の世界だけではありません。厳密な理論と、それを裏付ける実験の上に構築されると言われる物理の世界でもあるのです、〝量子論的ミクロの世界では全て確率的に振る舞っているものを、決定論的マクロの世界で記述するときの奇妙さについて、かの有名な物理学者、シュレディンガーが浮き出させたのが、「シュレディンガーの猫」です。

まず、密閉した箱の中に猫と放射性原子核を入れておきます。放射性原子核は、いつ粒子が放出されるかはわからず、その放出時期は確率的にしか予言できないものとします。その粒子が放出されると、粒子検出器がそれを検知し、密閉した箱の中の毒ガスのビンが破裂し、猫が死ぬようになっています。人間がこの箱をあけ、中を確認するまでは、生きている猫と死んでいる猫という二つの状態が共存していることになります。このような、生きている猫と死んでいる猫が共存しているなど、受け入れがたいというのがシュレディンガーの主張なのです。

この話を受け入れる物理学者の考え方は、比較的単純です。彼らは、世界は多世界であると解釈することで、生きている猫と死んでいる猫という二つの異なった状態の共存を受け入れます。その箱を人間がのぞき込んだ後では、人間が生きている猫を見たという「世界」と、人間が死んでいる猫を見たという「世界」が双方存在

しているというのです[7]。

何故猫を使ったのか、シュレディンガーが猫好きだったのか、またはその逆だったのか、さだかではありません。単にこの仮想実験は、ミクロな粒子の量子的振る舞いの曖昧さと、猫が生きているか死んでいるかというマクロな物体のちがいを並列におくことで、私たちが受け入れがたい状況を作っただけなのです。そして、この奇妙さを説明する解釈については、今でも物理学者の間では議論になっており、考え方が統一されていないのです。

安全と安心について考える際の確率は、現状の危険要因の将来に対する不確定性です。シュレディンガーの猫で例えられる、現時点における二つの異なった状態を考えるということは摩訶不思議であり、量子力学的な考え方だといっても、とても受け入れられるものではないように思えます。しかしながら、割り切って考えると、この考え方は意外にも、現実の私たちの生活と合っているようにも思えます。シュレディンガーの猫に例えると、日常生活で安心するかしないかは、箱を開ける前であり、箱を開けるという行動は、その時点で安全性を確認することです。もちろん、事故が起きた際は、強制的に箱を開けさせられることになります。安全対策は、人為的に、粒子が放出される確率を制御することになります。完全に制御できることは、絶対安全を達成することに繋がるでしょう。そして、粒子が放出される確率を完全に制御することが難しいように、絶対安全を達成することは難しいのです。

危険要因、危険状態の曖昧性を補完するものとして、検査があります。工業分野においても、製品の品質を確保する手段の一つとして、部品段階、完成品段階で検査を実施しています。全ての製品の全ての品質項目を検査することは現実的ではありません。実際には特定の品質項目に限定して検査する、または一部の製品を抜き取って検査するなどの手法が使われています。検査は、後工程に不良品が流れないようにすることも目的ですが、主な狙いは、製造工程で作り込まれた品質を確認するものです。検査で不良品が発見されることは、偶然に不良品が生じることもあるかもしれませんし、製造工程に何らかの不良品を生み出す要因が生じたのかもしれません。不良品が生じた原因を追及することが大切です。つまり、検査でその製品の品質のよさを確認することは、生産者側、使用者側、共に品質に対する安心が得られるのです。危険要因が危険状態にあるかどうかの検査も、そのときの検査結果が正常であれば、少なくともその時点においては危険状態になかったことが示せます。そのため、検査では、記録が重視されます。検査記録は、危険要因の状況のトレンドが分かるだけでなく、その危険要因に身近にいる人たち、関係する人たちに安心を与えることができるのです。

危険状態になってからの修復作業が難しい橋や道路などの設備、大きなプラントなどは、設備を定期的に検査することで、危険要因がいつもと異なる状況、すなわち危険状態になりつつあるか、または安全機器が故障しているなどの危険状態にあるかを、検知し、危険状態になる前に修復しています。これにより、設備を利用する側は安心できるのです。

工業分野以外でも、検査は多く活用されています。例えば健康診断を例に上げると、診断を受ける目的は、体にとって悪い箇所がないか、危険な状態になっていないか調べることであり、悪い箇所が見つかれば、改善のための対策や、必要に応じて治療につなげることができます。それ以上に、健康診断を受けた多くの人たちは、診断結果に大きな異常が見つからないということで安心を得ているのです。

安全対策を提示する側では、通常、対策にかかるコストや、そのときの危険状態、それから想定される被害の大きさや危険状態になる頻度などを、危険要因が危険状態になる確率をもとにして算出します。そして、これらを算出するための情報も、通常は安全を提供する側が有しています。このため、提供する側から一方的に提示される安全対策は、安全を受ける側には理解しにくいことも多いのではないでしょうか。対策を提示する側と、安心を得る側には、対策への考え方に溝があるのです。ましてや、対策が、安心を与えるというよりも、

自らの責任回避のためなのではなどと疑われてしまったら、その対策を受け入れてもらうことは難しくなります。対策を提供する側は、その対策を自分が受ける立場にたって考え、かつ、対策後も技術的な裏付けのある定期的な検査のしくみを提供するなど、安心を願う人たちとの間にある溝を埋めることが必要なのです。同時に、安全を受ける側のひとたちも、自らが危険要因を知り、既に用意されている対策がどこまでの安全を確保しているか理解した上で、自分の生活は自分で守るという意識を持つことも必要なのではないでしょうか。

5・5　安全対策は生きるための力

私たちは、ある程度危険と向き合わなければ現代では生きていくことはできません。安心して生きていくためには、これら危険要因を見極めて行動しなければならないでしょう。そのためには、危険要因を認識しておくことはもちろん、これらの危険要因が危険状態にあるかどうか、その前の段階も検知できることが必要です。危険要因を認識していないで危険状態になってから準備する安全対策は暫定的なものになりがちであり、かつ、対策方法も限定されます。しかも、危険要因を認識していない状況で危険状態に巻き込まれたり、事故が起きた際は、私たちは適切な安全対策を用意することが難しく、その結果、大きな被害につながる可能性が大きくなります。安心を得るためには、事前の安全対策の理解が必要です。そのためには、前もって、危険要因、危険状態の認識を持っておくことが必要なのです。

危険要因を認識する上で、リスクアセスメントの手法を活用することは、安全対策を構築するには有効な手段です。しかし、これらは、過去に起きた事故を調査、分析した統計的なデータに基づいています。そのため、これらのデータによって構築された安全対策は、時に曖昧さが残り、私たちの多くは不安を抱くことも多いのです。ただ、この不安があるからこそ、危険要因をいち早く認識し、安全対策を図ることができるのかもしれません。現在抱えている不安要因は、現在ある安全対策に潜む危険要因を認識するための重要なシグナルかもしれないのです。

例えば、私たちは風邪をひけば、早めに寝ますし、下痢をすれば、食事を制限します。あるいは、頭痛がひどいときはじっと静かにする。こういうことで、人間はどれだけ大きな危険を回避できているかわかりません。そう考えると、風邪の効用というのは、あると思います。不安ということもまた、そうなのです。不安は人間の優れた、大事な警報の働きなのです。不安という警報機が鳴らないのは、泥棒がはいっても警報機が作動しないのと同じで、非常に困ったことだと思えばよいかもしれません。要するに、不安というのは、人間が本来持っている強い防衛本能なのではないでしょうか。

不安を抱えた人に対する励ましとして「自信を持ちなさい」と声かけをすることがあります。しかし、自信を持つことと不安を持つことは、対立する関係ではなく、背中あわせの関係にあるのです。不安を持たないということが、すなわち自信を持つということではありません。不安の正体をしっかりと感じ取って、いま自分

が不安を感じていることにむしろ安心しなければならず、「不安は人間を支えていく大事な力である。」そんなふうに考えていくべきではないでしょうか[8]。

現在、大気中の温室効果ガス削減のための国際的な取り組みが図られています。温室効果ガスは、生き物が地球上で暮らしていくには大切な気体なのですが、近年、必要以上に増加してしまったのです。今のままでいくと、今世紀末には地球の平均気温は３℃以上上昇すると言われており、私たち人間をはじめ、地球上の生物達にかなりの悪影響が生じると危惧されています。しかしながら、そのような危険状態を回避するために二酸化炭素の排出を規制しようという試みは、順調とはいえません。一つには、温室効果ガスという危険要因が危険状態を生じさせるまでには、数十年という時間がかかること、一つには、どれだけの危険状態になるかについては、曖昧さもあることから、そのことを心配している人たちは必ずしも多くはないのです。加えて、二酸化炭素の排出を規制することによる痛みを避けたい人々は、二酸化炭素と地球規模の災害の因果関係は必ずしも明確ではないという反対論を提示したのです。このように、大きな危険状態が予知できたとしても、それに

よる危険状態を回避する手段を実行することは私たちが考えるべき課題なのです。

確かに、温室効果ガス削減のための対策には二酸化炭素の回収・貯蔵やエネルギー政策の見直しなど、国家を挙げての対応が必要です。しかし、このような曖昧さがあることから、対策の計画自体も、曖昧さがあることは否めません。それでも、温室効果ガス削減に対しては、私たち一人一人がやるべきことはたくさんあるのです。

それでは身近なところでの危険要因はどうでしょうか。競合他社という危険要因のせいで、自分の会社の受注額が減少するという危険な状態に対しては、どのように対策を図るでしょうか。自分の会社の業績が下がっている原因が、国全体の経済不況とか、対象とする市場の伸びの低下などが原因だとしたら、一企業による対策努力では解決できないかもしれません。しかしながら実際には、他社以上の競争力のある製品を開発し、受注を増やそうと努力することが必要なのではないでしょうか。その際、周囲の経済状況や市場動向が重要な情報であることはいうまでもありません。その結果、受注が増えたなら、そのときは、一時は喜ぶかもしれませんが、すぐ次には、どのように受注した注文をこなそうか、新たな生産面での対策への努力が必要になるのです。このように、私たちは、危険要因や危険状態の大きさに関わらず、また、自分たちより大きなところで安全対策が計画されているかどうかにかかわらず、私たち自らが安全対策のための努力をしているのです。過去に遭遇した危険要因、危険状態、そのときの対策と効果などの経験は、私たちが、安全対策をとるための貴重なノウハウとなることでしょう。これらの経験を通して、私たちは、危険要因に対してどのように対処すべきなのか、危険な状態に入り込んだ際はどのようにして安全な状態へ抜け出すか、自らが考えて決めなくてはなりません。正に安全対策とは、私たち生き物が生きていくための基本的な力であると考えられます。

私たち生物を構成する細胞一つ一つが生命活動を行っています。細胞は、生きていることを喜ぶ一方で、殆ど常に〝あくせく〟しているのです。その理由は、細胞が〝死〟と隣り合わせの存在だからです。細胞成立の基本である代謝は、無数にある局面のどこであれ、それがいったん滞れば全体の崩壊に直結します。無酸素状態の井戸やタンクの底に踏み込んだ人が、即死することはよく示される通りです。代謝のたった一つの成分である酸素が欠乏しただけで、六十兆個の細胞を支配するシステムが、数分以内に死滅するのです。単独で暮らす細胞たちは、時々刻々自分の周囲を監視して、有用分子の濃度差を感じ取れば、走化性の分子メカニズムを駆使してより濃度の高いほうへ走りより、危険な分子を感知すれば、濃度の低い方へ逃げ去ります。光の強度差を感じ取れば、走光性のメカニズムが働きます。つまり光合成効率の上昇や温かさ（＝代謝速度の上昇）が期待されるより明るい方へ走光性によって移動し、光が強すぎれば暗い方へ移動します。とくにバクテリアなどの原核細胞は、どんなに効率の悪い分子からもエネルギーを取り出せる代謝経路をもっており、「食えるものは何でも食うぞ！」という意気込みが感じられます。自分で自分を作り出していること、休んだり搬入が不足したりすれば死ぬことを、細胞なりの感覚で認知しているとすれば、細胞は、日々、生き続けるために、自分というシステムを存続させることを目的として自分というシステムを駆動している、ということになります[8]。

細胞学者によると、絶え間なく生きるための活動をする細胞も、時にはゆっくりして、生きていることを喜んでいるときがあるように見えるとのことです。あたかも、私たちが安心できる生活を目指して生きていく中で、時折、生きていることを実感し、喜びを感じるのと同じように[9]。

5・6　安心するための心構え

工業分野では早くから、各種の安全技術が研究、開発されてきていました。これらの開発された安全技術や考え方は工業分野に限らず広く一般にも役立つはずです。対象範囲を工業分野以外の範囲に広げることで、分野にとらわれない安全対策に対する考え方の共通点が見えてきます。

その一つは、安全対策を考える上で、安心の概念は必ずついてくるものだということです。安全という概念は、安全を提供する側から見られることが多く、安心という概念は、安全を受ける側の観点から見ることが多いのです。安全対策は、常に安全を提供する側と受ける側の両面から考えなくてはなりません。この両者を整合させることは、安全と安心を一体で考えることにつながります。

二つ目は、安全対策は人任せにしないという心構えが必要だということです。安全を提供する側は、安全規格どおりに設計することで本当に安心できる製品を提供できると考えてよいのではなく、また、単に問題が生じたときの責任が軽減されるということだけなのではありません。また安全を受ける側も、誰かが用意してくれる安全を信頼するなどの考えでは、本当の安心は得られないのです。

ある危険から人を守るために施した安全対策が、常に安全側にはたらくとはかぎりません。たとえば、ビルの屋上に、転落防止のための柵を施したとします。その柵は、屋上から転落する危険はある程度防げるかもしれませんが、柵ができる前は、こわがって誰も屋上にのぼろうとしなかったのに、柵ができたことで、「柵があるから安心だ」と、のぼってしまう人がでてきたとしたら、柵はそれまでなかった危険を新たに生じさせてしまった、言い換えれば、危険要因をわざわざつくってしまったことになります。

柵を作るべきか、それともそのままの方がむしろいいのか、その判断は、状況によって変化します。工場やオフィスビルなど、大人しか基本的に立ち入らない場所では、その判断力を信じ、柵がない方がよいこともあるでしょうし、学校など子どもが多い建物では、柵を設けた方がいいかもしれません。さらに細かく言えば、その学校の校風などによっても、判断が変わってくるかもしれません。

では、その判断は、いつ、誰がするのでしょうか。

それは、その場所において安全を願う人、安心を望む私たちなのです。わたしたちが柵を設け、柵を安全に正しく使うよう運用するのです。私たちが未来においてその場所で悲しい事故が起きてしまう前に、すなわち「今、これから」、判断に向けて思考を始めなくてはなりません。

より多くを知り、広い考え方のできる人ほど、「絶対」という言葉を使わなくなるといいます。そうとはいきれない「例外」を、その人は知っているからです。カモノハシの生態を知る人は「哺乳類は赤ん坊で生まれてくる」とは言い切りませんし、どんなときでも、いつも同じ速さで流れると考えられていた「時間」は、アインシュタインの特殊相対性理論によって、そうではないことがわかってきました。また、人それぞれ、いろんな人生を歩み、いろんな考え方、感じ方があることを知っている人は、人に限定的な物の言い方をしません。誰もが安全はとても大事なものだと考えています。だから、安全について知り、それをおびやかす危険について知ることが必要です。その過程で、たくさんの「例外」を見つけることでしょう。そうして、「絶対」という言葉が使えないことを知り、危険を完全になくすことはできないことも分かるでしょう。そこに、「危険と共存する」という安全対策が提案されてくるのです。

私たちは、自ら知り、自ら考え、自ら安全を守ることが大切なのです。そうしてはじめて、私たちの「安心」が、心の中で、しっかりと根をはって息づいていくはずです。私たちがいま守ろうとしている、自身、家族、友人についてよりよく知るのは、私たち自身です。

大切なことは、自分たちの安全を公共の安全システムや専門家が用意してくれたものに任せるだけではなく、それらを理解し活用し、その上で自身の手で自分たちを守ることなのです。

おわりに

おわりに

さて、ここまで本書をお読みいただき、誠にありがとうございます。みなさんは、本書についてどのようなご感想を持たれたでしょうか。少しでも日々の生活に密着した「安全対策」について見直すきっかけになれば幸いです。

一方では、「安心できる安全を求めて」というから読んでみたのに、「安心については心構え的なところが強調されているようで、けっきょく、どうすれば安心できるかわからない。」

「自分たちの日常生活の中で安全がどのように確保できるかが、具体的かつ実践的に書かれていないので、即実行にうつせない」

等々、他にも様々な感想を持たれたかもしれません。

安全や安心は広く使われているわりには、その解釈は曖昧なところもあり、人によって考え方も違いがあるように思われます。

本書を執筆するにあたっても、本書の内容をどのようにするか、また対象者をどこに的を当てるのかなど、社内はもとより、執筆者間でも、いろいろ意見がありました。

特に多かったのが、工業分野での安全に関するコンサルティングをしている技術者が執筆するのだから、工業分野における安全規格や対策の取り組み、また歴史などについて、詳しく記載すべきではないかというものでした。安全規格がどのような組織と国際協力で出来上がっているか、技術の進展に対応した規格の歴史と最近の動向にも触れて欲しいなど、また現在はシステム化に伴い機能安全やリスクアセスメントなどの難しい規格が増えてきているので、易しく解説するのも必要ではないかとの意見もありました。

これらを踏まえて執筆者達で話合った結果、この本の狙いは、当初から規格の解説書ではなかったのだから、対象読者は工業分野の技術者ではなく、安全に関心のある人にしたいということでした。最終的には、産業用にある安全、安心の仕組みを、この分野の専門家でない読者の安全、安心の理解に役立つよう紹介することをこの本の狙いとすることにしました。

原稿が完成に近づいた段階でまた社内から意見、要望がありました。その中には、「一般の人は工業分野における安全規格とその効果について必ずしも理解できていない、それなのに本書はその実例も十分なデータも示さずに、話を拡散させているので理解しにくいのではないか。工業分野の専門家でなくてもよく知られている安全対策の手法、例えばQC七つ道具などについては、もっと詳しく説明したほうがよいのではないか、規格解説書ではないといっても、もう少し表、グラフ、式、系統図等を用いて、正確さと簡明化をめざした方が良いのでは。」などがありました。他方、一般読者にはいろいろな人がいるのだから、もう少し広い視野から話を持っていく必要があるのではとの意見もありました。

我々としては、テーマである安全と安心の二つの扱いについて、誰の安心か、誰の安全か、責任や注意義務等は誰を対象とするるか、誰の利益か、コストを誰が負担するのかなど、できるだけ明確化にするよう注意して執筆しました。

安全性向上に関わる技術者はもちろん、広く、安全と安心を願っているみなさんの心の中に、これから根付く「安全・安心」のきっかけや道標（しるべ）になれば、至上の喜びです。

〈参照資料〉

はじめに

(1)「日本人とユダヤ人」　山本七平著

1章

(1)「一般財団法人国土技術研究センター報告」
(2)「資源エネルギー庁の2011年のエネルギー白書」
(3)「エネルギーとはなにか」　ロジャー・G・ニュートン著
(4)「トコトンやさしいエネルギーの本」　山崎耕造著　「第一章　見直そう！エネルギーの基礎」
(5)「ユーザーのための工場防爆設備ガイド」JNIOSH―TR―No.44（2012）
(6)「JIS C 0508-4（IEC 61508-4）「安全用語」
(7)「足尾銅山 歴史とその残照」　小山矩子著　「第1章　渡良瀬川の流れ」、「調査・執筆を終えて」

2章

(1)「安全設計の基本概念」　日本規格協会　向殿政男監修　「第一章　国際的な安全規格の体系」
(2)「企業と製造物責任」　日科技連PL編集委員会編　「第1章　製造物責任と企業の取り組み方」

(3)「企業と製造物責任」 日科技連ＰＬ編集委員会編 「第5章 製造物責任保険の活用」
(4)「ISO/IEC Guide 51：2014 安全用語」
(5)「JIS 508-5 第5部 安全度水準決定方法の事例 付属書B」
(6)「葬られた「第二のマクガバン報告」上 T．コリン．キャンベル著 松田真美子訳」
(7)「ISO12100 機械の安全 設計の一般原則 5．リスクアセスメント」
(8)「Ｔ－－Ｓニュース Ｎｏ．２６０ 巻頭言 福田隆文著 「リスクアセスメントから安全対策が導き出されるという理論的な構造」
(9)「JNIOSH-TR-No.44（2012）ユーザのための工場防爆設備ガイド 第3章 防爆電気（9） 設備の施設 3・9 本質安全防爆構造」
(10)「JIS C 508-4 2012／IEC 61508-4 2010 機能安全 第4部 3・用語、定義及び略語」
(11)「ISO12100:2010 機械の安全 設計の一般原則 6．リスク低減」
(12)「安全・安心を科学する」 関西大学社会安全学部編 「第一章 社会安全学部のめざすもの」
(13)「5Sの基本が面白いほど身につく本」 中経出版
(14)「吉本孝明、茂木健一郎 対談」 茂木健一郎著、吉本「自己意識を社会化するということ」
(15)「JIS C 0508-1 2012／IEC 61508-1 2010 機能安全 第1部「7．6．全安全要求事項の割当て」

3章

(1)「インフラ事故―笹子だけではない老朽化の災禍」日経コンストラクション編
(2)「雑音」關 英男著 第一章 雑音の概念「第五章 通信系雑音」
(3)「ISO 9001:2015 要求事項の解説」品質マネジメントシステム規格国内委員会監修）「10 改善」
(4)「とことんやさしいセンサの本」山崎弘郎著「第9章 セキュリティを確保するセンサ技術」
(5)「ヒューマン・エラーの科学」村田厚生著「第1章 人はどれだけエラーしやすいか」
(6)「センサ工学の基礎」山崎弘郎著「第10章 センシング技術の進歩」
(7)「JIS C 0508-2:2014／IEC 61508-2:2012 機能安全 第2部7．4．4ハードウェア安全度アーキテクチャ制約」
(8)「予知能力をもつ動物」倉橋和彦著「クモが巣をはると晴れ」
(9)「環境を感じる」郷 康広著「生物センサの進化」
(10)「不確定性原理」都築卓司著 第一章 ラプラスの悪魔「第四章 因果律の崩壊」
(11)「コンピューターがネットと出会ったら」坂村健監修「第四章ネットにつながるモノ」「第五章モノとモノがつながる世界」
(12)「物理の散歩道」ロゲルギスト著 第三部「見えても見えない」

4章

(1)「企業と製造物責任」 日科技連PL編集委員会編 「第6章 製品安全」
(2)「内科医のメモから」 菅邦夫著 「正常と異常のあいだ」
(3)「西洋の哲学と東洋の思想」 小坂国継著 「第七章外なる自然と内なる自然」
(4)「ヒューマン・エラーの科学」村田厚生著 「第5章安全教育は感情に訴えろ」
(5)「IEC/TS 61000-1-2: 2008 機能安全 EMCに関する、電気的および電子装置の機能安全達成のための方法論 Annex A、Annex E」
(6)「免役の意味論」 多田富雄著 「第八章アレルギーの時代」、「第九章内なる外」
(7)「JIS C 0508-1::2012/IEC 61508-1::2010 機能安全 第1部 7．3 全対象範囲の定義」

5章

(1)「数学嫌いな人のための数学」 小室直樹著 「社会科学の最重要概念 必要条件と十分条件」
(2)「確率と曖昧性の哲学」 一ノ瀬 著 「決定論の不思議」、「環境への偶然性の浸潤」
(3)「TーIーSニュース No.261 巻頭言」 宮崎浩一著 「安全の定義とゼロリスク」
(4)「想定外」の罠 柳田邦男著 文芸春秋、「第一章 絶対安全神話の崩壊」、「第六章 防災の思想とは何か」
(5)「思考のすごい力」 身体を守るための二つの防衛システム） ブルース・リプトン著、西尾香苗訳
(6)「心を持つ機械」 スタン／フランクリン著 林一訳 「第十四章 表現と第三次AI論争」

(7)「量子力学が語る世界像」和田純夫著　第七章「シュレディンガーの猫は死んだのか」
(8)「不安の力」五木寛之著、「不安は人間を支える大事な力」
(9)「細胞の意思」団まりな著、「細胞は生き続けたいと思っている」

執筆者紹介

古谷隆志（ふるや　たかし）

1970年富士通株式会社入社、横河電機株式会社などを経て、2004年株式会社イーエス技研設立、現在、同社代表取締役
主に、はじめに、第3章、第4章　担当

中西　淳（なかにし　じゅん）

2000年株式会社東京個別指導学院入社、日本デルファイ・オートモーティブ・システムズ株式会社などを経て、2009年株式会社イーエス技研入社、現在、同社技術担当取締役
主に、第1章、第5章、おわりに　担当

山本理央（やまもと　りお）

1988年横河レンタリース株式会社入社、2006年株式会社イーエス技研入社、現在、同社営業技術マネージャ
主に、第2章　担当

安心できる安全のための本

平成30年5月10日　　初版第1刷発行

定 価：本体 1,200 円 +税

著　　者　古谷隆志・中西　淳・山本理央

発 行 人　小林大作

発 行 所　日本工業出版株式会社

http://nikko-pb.co.jp　e-mail：info@nikko-pb.co.jp

本　　社　〒113-8610 東京都文京区本駒込 6-3-26

TEL:03-3944-1181　FAX:03-3944-6823

大阪 営業所　TEL:06-6202-8218　FAX:06-6202-8287

振　　替　00110-14874

ISBN978-4-8190-3012-0 C3050 ¥1200E